图说苹果高效栽培

主　编　高登涛　李丙智
副主编　魏志峰　刘军伟
参　编　韩园园　王中庆　司　鹏　涂洪涛
王来强　李秋利　杨文佳　于会丽
范庆锦　曹　锰

机械工业出版社

本书以图文并茂的形式，介绍了现代苹果高效栽培及果园周年管理的要点。全书共11章，分别介绍了现代苹果园的设计与规划、果园定植与幼树管理、苹果优良品种和常用矮化砧木、病虫害综合防治等基础知识，并结合物候期对苹果树萌芽期、花期、幼果期、果实膨大期、果实着色期、果实成熟期、落叶期和休眠期的关键管理技术进行了详述。书中还附有“提示”“注意”等小栏目，以及一些常用的肥料和农药知识，方便读者掌握知识要点。

全书紧密联系实际，内容丰富系统，语言通俗易懂，技术先进实用，可操作性强，适宜广大果农和相关技术人员使用，也可供农林院校相关专业的师生参考阅读。

图书在版编目（CIP）数据

图说苹果高效栽培：全彩版/高登涛，李丙智主编.
—北京：机械工业出版社，2018.4
（图说高效栽培直通车）
ISBN 978-7-111-59206-8

Ⅰ.①图…　Ⅱ.①高…②李…　Ⅲ.①苹果－果树园艺－图解　Ⅳ.①S661.1-64

中国版本图书馆CIP数据核字（2018）第033414号

机械工业出版社（北京市百万庄大街22号　邮政编码100037）
策划编辑：高　伟　责任编辑：高　伟　孟晓琳
责任校对：刘秀芝　责任印制：孙　炜
保定市中画美凯印刷有限公司印刷
2018年4月第1版第1次印刷
147mm×210mm·4.125印张·131千字
0001—4000册
标准书号：ISBN 978-7-111-59206-8
定价：29.80元

凡购本书，如有缺页、倒页、脱页，由本社发行部调换
电话服务
服务咨询热线：010-88361066
读者购书热线：010-68326294
010-88379203
网络服务
机工官网：www.cmpbook.com
机工官博：weibo.com/cmp1952
金书网：www.golden-book.com
教育服务网：www.cmpedu.com

前　言

Introduction

苹果是深受我国人民喜爱的一种水果，拥有悠久的栽培历史。我国是世界苹果生产第一大国，2015 年苹果种植面积达 230 万 ha，产量为 4300 万 t，均居世界第一。苹果产业是我国农业的优势产业之一，也是很多地方的农业支柱产业，在促进农业增效、农村发展、农民增收方面发挥了重要作用。

近年来，随着社会经济的发展及人民生活水平的提高，人们越来越重视水果的优质绿色生产，水果产业的发展已经从数量效益型向质量效益型转变。这就要求果树产业进行稳增长、调结构的供给侧改革，为市场提供更多的安全优质水果。同时，我国人口老龄化问题的出现，使劳动力成本上升，也导致苹果生产出现很多新问题，如很多老果园郁闭严重、果树管理费工费力、生产成本不断上升、果园效益持续下降等，而且果园在设计上存在缺陷，无法应用机械，只能逐渐被淘汰。与此同时，随着农村生产力的发展及土地流转政策的实行，规模化果园越来越多，具有一定的投资能力和抗风险能力，具有较强市场意识的园主，成为各地农业产业化的先行者。这些果园采用先进的栽植模式，更易实现机械化管理，这也就促使园主掌握相应的新知识、新技术来进行科学管理。为此，我们根据读者需要，组织相关人员编写了本书，以图说方式，按照物候期介绍了苹果全年管理的关键技术，力求全面、简洁地解决苹果周年管理过程中出现的相关问题，为苹果园的科学管理及优质高效生产提供服务和帮助。

需要特别说明的是，本书所用药物及其使用剂量仅供读者参考，不可照搬。在实际生产中，所用药物学名、常用名与实际商品名称有差异，药物浓度也有所不同，建议读者在使用每一种药物之前，参阅厂家提供的产品说明书，科学使用药物。

在本书编写过程中，编者参考了国内外的相关资料和图书，在此对原作者表示感谢！由于编者水平有限，书中难免存在缺点和错误之处，请广大读者批评指正。

编　者

目　录
Contents

第一章

现代苹果园的设计与规划

第一节 现代苹果园的特点

苹果是世界四大水果之一，在全世界有着较为广泛的分布。我国的苹果种植面积和产量均位居世界第一，是名副其实的苹果生产大国。但是，我国的苹果生产整体水平与发达国家相比还有一定的差距，主要表现在果园郁闭、操作困难、机械化程度低、劳动强度大、单位面积产量低、标准化程度低等方面（图 1-1 和图 1-2）。欧美等发达国家的现代苹果园有两个较为显著的特征，一是采用矮化自根砧大苗（图 1-3），以宽行密植方式建园，进行集约化栽培（图 1-4）；二是以 IFP（Integrated Fruit Production，果品综合生产制度）等安全生产制度为基础，实现标准化生产。

图 1-1　河南二仙坡矮砧苹果园

图 1-2　陕西凤翔矮砧苹果园

图 1-3　新西兰矮砧大苗

图 1-4　新西兰矮砧苹果园

一、矮砧密植集约化栽培

近几十年来，从苹果种植上发展起来的矮化密植制度已成为果树栽培领域的一个革命性变化。此种栽培模式要求应用矮化砧木，采用宽行密植、设立支架、配备必要设施的集约化栽培方式。

1. 采用矮化砧木

在砧木选用方面，国外新栽果园基本以M9自根砧为主，我国以M26中间砧最多。

2. 采用宽行密植方式建园

不同的品种，在不同的地区的栽植密度各有不同。一般建议株、行距为(1.2～2.0)m×(3.5～4.0)m，每亩（1亩≈667m^2）栽84～170株。株、行距的比例以1:(2～3)为宜。

3. 选用大苗建园

苗高1.5m以上，干径为1.0～1.3cm。在合适的分枝部位有6～9个分枝，长度为40～50cm。

4. 设立支架

按顺行每10m左右设立水泥柱，拉4道铁丝，用于固定主干与结果枝，铁丝架一般高达3.0～3.5m。

5. 选择高光效树形

采用细长纺锤形和高纺锤形树形整形。

二、标准化生产

1. 建园标准化

按照相关的标准要求，选择环境要素符合安全卫生标准，附近无污染源的地方建园；园内应采用较为统一的栽培模式，如栽培密度、树形等，以利于机械化操作；应选择优良的品种和砧木。按照标准化要求建立的苹果园，园相整齐，方便作业，劳动效率高，果实质量好。

2. 管理标准化

从定植开始，就按照标准化技术进行管理，如参照IFP，从土肥水管理、整形修剪技术、花果管理、病虫草害综合防控、自然灾害防御，以及果实采收、处理与贮运等全程严格按照技术标准来操作，并做好较为详细的记录。

3. 机械应用和省力化栽培

苹果种植产业是劳动密集型的，劳动量和劳动强度很大。随着我国经济社会的发展，劳动力价值越来越高，人工费用已经成为商业化、规模化苹果园生产最大的成本，因此，加强果园机械化应用，降低劳动成本是现代果园必须重视的问题。

现代苹果园提倡行间生草；树下覆膜，膜下滴灌或渗灌，采用水肥一体化；提倡管道输药，减轻喷药时的劳动强度。因此应加强喷药机（图1-5～图1-7）、割草机（图1-8和图1-9）等果园机械的应用。

图1-5 新西兰弥雾喷药机

图1-6 荷兰进口喷药机

图1-7 国产喷药机

图1-8 果园大型割草机

图1-9 果园小型割草机

第二节 现代苹果园的设计目标

现代苹果园在设计时的总体目标是：早结果、早丰产；果园光照分布均匀，果实产量稳定，优质果率高；果树行间有1.5m宽的作业道，方便喷药、施肥、采收等果园操作管理；提高工作效益，减少果园用工，降低生产成本，提高果品竞争力。

一、早结果、早丰产

现代苹果园产量的具体指标可定为栽后第三年亩产250~500kg，第五年达到亩产2000~2500kg的丰产水平。在采用M9或M26等矮化砧木的情况下，这一点是不难做到的（图1-10）。

图1-10　新西兰3年生M9自根砧果园丰产状况

二、成龄果园通风透光好，可优质、丰产、稳产

果园优质、丰产、稳产的具体指标可定为每年亩产稳定在2000~3000kg；优级果的比例不低于80%。要实现这一目标，树冠覆盖率（单株树冠的投影面积占地面面积的比例）及叶面积指数（单株叶面积占单株应占地面面积的比例）要适当（图1-11）。在我国的生产条件下，成熟果园的树冠覆盖率维持在70%~75%，叶面积指数维持在3.0~3.5是比较合适的（图1-12）。

图1-11　新西兰多年生果园行间开阔

图1-12　河南商丘丰产期果园郁闭

三、进出果园容易，果园管理方便

在设计果园时要着重考虑怎样减少果园用工，减轻劳动强度，降低生产成本。我国多数果园由于经营规模小，生产手段落后，多靠手提肩扛，所以劳动强度大，劳动时间长，而劳动效率低。日本管理 1ha 的苹果园，每年约需要投工 2918h，合 365 个标准工作日，即 2 个劳动力每人工作半年即可。而我国管理 1ha 的苹果园大约需要 3 个劳动力，每天的劳作时间在 12h 以上，且全年无休。因此，设计一个现代苹果园必须考虑如何减轻劳动强度这一问题。最基本的要求是成龄苹果园行间能保持 1.0 ~ 1.5m 宽的作业道，以便于人员通行及果园操作（图 1-13）。

图 1-13　具备基本作业道的果园

第三节　园址选择与果园规划

一、园址选择的依据

园地附近没有排放有毒有害物质的工矿企业；园地距交通繁忙的主干公路要有一定距离；须对园地的土壤及周围的大气、水质进行检测，确认其符合国家规定的标准；对园地的气候条件和土壤条件进行综合评价，确定其是否适宜栽种果树及适宜栽种哪种果树或品种。

一般来讲，无公害果园应建在土壤肥沃、土层较深、有机质含量较高、质地疏松、坡度较小、没有特别限制因素的区域（图 1-14 和图 1-15），地

下水位过高、土壤含盐量过高、pH 过高或过低、深土层中有透水透气困难的黏土层等不适合果树生长。

图 1-14 河南陕县山地果园

图 1-15 山东烟台山谷果园

二、小区划分与道路规划

果园规划的内容包括小区划分，道路排灌系统及防护林配置，株、行距的田间排布和定位等。果园规划的原则是节约用地，方便管理及提高效率。一般情况下，栽植果树的土地面积应占用地总面积的 85% ~ 90%，道路及排灌系统占 5%，附属建筑物及防护林占地 5% ~ 10%。这主要取决于果园的规模大小及机械化程度。

1. 小区划分

为了合理利用土地，便于生产管理，大面积的果园通常要被划分为若干个作业小区，而作业小区的面积宜根据园地的地形而定。对于平地果园，为适应大型机械作业的便利，小区面积可在 100 亩左右。山地果园由于地形、地势复杂，宜以地块为单位划分；同时为便于生产作业和水土保持，山地果园应采用带状栽植的方式，行向沿等高线，弯曲延伸。

2. 道路规划

规模较大的果园应规划出果园干道和行间作业道。主干道一般是小区的分界线，也是内连果园各条支道，外连园外公路，进出果园的通道（图 1-16 和图 1-17）。小面积的果园一般铺设 1 条主干道，内连各行间作业道。主干道宽度根据拖拉机及运输车辆的宽度而定，如果采用大型机械，路宽应为 4m；如果采用小型机械，路宽可为 2 ~ 3m。对于使用小型机械的家庭果园，行间作业道宜维持在 1.0 ~ 1.5m 宽；而对于大型果园，则应维持在 2.0 ~ 2.5m 宽。

图 1-16　大型果园主干道和支道

图 1-17　小型果园园内支道

三、排灌系统与防护林的配置

1. 排灌系统

按高标准规划设计的丰产优质果园必须包括完善的果园灌水、排水系统，做到旱能灌、涝能排，尽可能满足果树对水分的需求。

灌溉系统的规划内容包括水源、田间输水和行间灌水。井灌果园可以按 50 亩地一眼井规划，计划安装微灌系统的果园，一眼井可以保证 100 亩果园的供水。田间输水有 2 种方法，一种是地下管道输水，具有占地少、输水速度快、水分渗漏小、节省用水等优点，应大力推广。另一种是地面渠道输水，这是多年来果园输水的主要方法，其优点是投资少，缺点是占地多、灌水渗漏多、输水渠道还要进行防渗与固化处理。

果园的地面灌水有 3 种方法，一是全园漫灌，二是树行畦灌，三是行间沟灌。

应尽力淘汰全园漫灌这一落后的灌水方式。树行畦灌多用于幼树，幼龄果园顺树行做成宽 1m 左右的畦，一方面方便灌水，节约用水，另一方面畦内清耕，不种间作物，给幼树一个良好生长发育的空间。在成龄果园，比较节水的果园地面灌水方法是沟灌（图 1-18）。沟灌是在行间或冠缘投影处顺行向用犁翻出深 30cm 左右的沟（地下 20cm，地上 10cm），沟上沿宽 30cm 左右。沟灌较省水，灌水效果好。沟灌系统的设立还便于和果园的开沟施肥相结合。因此沟灌可取代漫灌，成为成龄果园地面灌水的主要方法。

近年来果园灌水技术有了较大发展。喷灌、滴灌等微灌技术逐步在果园得以应用（图 1-19 和图 1-20）。现代果园应该大力提倡采用微灌技术。

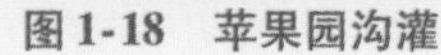
图1-18　苹果园沟灌

图1-19　苹果园微喷灌

果园排水系统应在平整土壤时就开始配置。土壤黏重或地下水位较高的地方，排水系统的配置更为重要。排水系统的各级水沟要相互沟通。排水系统的规划应和灌水系统、道路系统的规划结合起来。

山区果园等水源较缺的地方要修建水窖（图1-21）。

图1-20　苹果园滴灌

图1-21　果园蓄水窖

2. 防护林的配置

在易受风灾的风口地、迎风坡地或风力强大的旷野，应注意防护林的配置（图1-22）。在果园周边或大风来袭的方向营造防护林，可以减轻大风的危害，减轻果园水分蒸发，削弱寒流，有助于果园小气候的改造。

营造防护林的时间应早于建园，最晚应和建园同时进行。防护林以透风林带式结构为好。一般由一层高大乔木和一层灌木组成。高大乔木应选适应性强、生长迅速、寿命长、抗病虫，与苹果树无相同病虫害或中间寄主的树种，如杨树、桐树等；经济价值较高的树种可以选用柿树、核桃树等。下层灌木可以选用紫穗槐、花椒、玫瑰等，既可以防风，又可以作为果园的防护篱笆。

图 1-22　果园防护林

四、品种选择与栽植密度

1. 品种选择

品种依其长势及早实性（栽后能否提早生长结果的特性）的不同可分为四大类：一是短枝型品种（A 类），如短枝富士、短枝元帅系的首红与新红星。和普通型品种相比，短枝型品种树冠大幅度减小，幼树更易成花结果，因此栽植距离可比普通型品种缩小 0.5～1.0m。二是长势中等、幼树易成花的品种（B 类），如嘎啦、晨阳、陆奥、粉红女士、华美、蜜脆等。三是长势强健、幼树易成花的品种（C 类），如金冠、乔纳金、华冠、信浓红、美国八号、王林、红盖露、藤木一号、早红等。四是长势强旺、幼树不易成花的品种（D 类），如富士等。

2. 栽植密度

确定栽植密度时需综合考虑 4 个重要因素：一是品种的长势及早实性；二是砧木的矮化程度；三是果园的土壤及水肥条件；四是计划采用的树形及果农的技术水平。

（1）A 类品种（如短枝富士）**的栽植密度**　砧木为乔化砧（八棱海棠）时，在水层深厚，土壤、肥料、水肥条件充足时，采用改良纺锤树形，行距可为 4.5～5.5m，株距可为 3～4m，每亩栽 30～50 株；土壤及水肥条件较差的地方，栽距可减少 0.5～1.0m。砧木为 M26、M9 中间砧时，在土壤及水肥条件均好的地方，行距可为 3.5～4.5m，株距可选择 1.5～2.0m。在土肥水条件较差的地方，栽距以 1.5m×3.5m 为宜。

（2）B 类品种（如嘎啦、华美等）**的栽植密度**　砧木为 M26、M9 中间砧时，在土壤及水肥条件均好的地方，行距可为 4m，株距可为 1.8～2.0m，每亩栽 80～106 株；在土肥水条件不足的地方，栽距可减少 0.5m 左右，以1.8m×3.5m左右为宜。

（3）C类品种（如金冠、美国八号、华冠等）**的栽植密度**　砧木为M26、M9中间砧时，在土壤及水肥条件均好的地方，行距可为4.0～4.5m，株距可为2m，每亩栽74～83株；在土肥水条件不足的地方，栽距可减少0.5m左右，以2m×4m为宜。

（4）D类品种（如富士）**的栽植密度**　砧木为M26、M9中间砧时，在土壤及水肥条件均好的地方，行距可为4.0～4.5m，株距可为2.5～3.0m，每亩栽50～66株；在土肥水条件不足的地方，栽距可减少0.5m左右，以2.5m×4.5m为宜。

五、授粉树的配置

多数苹果品种为自花不实或结实率很低。配置合适的授粉品种是提高坐果率，保持果园丰产、稳产的一项重要措施。

授粉品种应满足以下几个条件：授粉品种和主栽品种亲和性好，花期与成熟期接近，花粉足，授粉能力强，同时也应是生产上推广的优良品种，能和主栽品种相互授粉。北斗、陆奥、乔纳金（新乔纳金）等三倍体品种没有花粉，不能作为授粉品种。同品种内的不同品系，如同为元帅系的首红、新红星不能作为相互授粉品种。苹果优良品种的适宜授粉组合见表1-1。

表1-1　苹果优良品种的适宜授粉组合

主栽品种	适宜的授粉品种
元帅系	红富士系、嘎啦系、红津轻系
萌	红富士系、津轻系
藤木一号	嘎啦系、美国八号、珊夏
美国八号	红富士系、嘎啦系、红津轻系
珊夏	红富士系、藤木一号
信浓红	元帅系、富士系、萌、凉香
华冠	元帅系、红富士系、嘎啦系
皇家嘎啦	元帅系、红富士系、美国八号
红津轻	红富士系、嘎啦系、元帅系
红乔纳金	红富士系、嘎啦系、元帅系、王林
凉香	嘎啦系、信浓红

（续）

主栽品种	适宜的授粉品种
红富士系	红津轻、王林、元帅系
斗南	红富士系、王林、元帅系
王林	红富士系、元帅系
澳洲青苹	王林、红富士系、元帅系
粉红女士	嘎啦系、元帅系、红富士系

应遵循既便于品种间的相互传粉（传粉距离越近越好），又便于田间管理的原则，将授粉树均匀地配套在主栽品种之间。授粉树的数量要适当，与主栽品种可以按1∶（4～8）的比例配置。即每隔4～8行栽植1行授粉品种，或每隔4～8株栽植1株授粉品种（图1-23）。

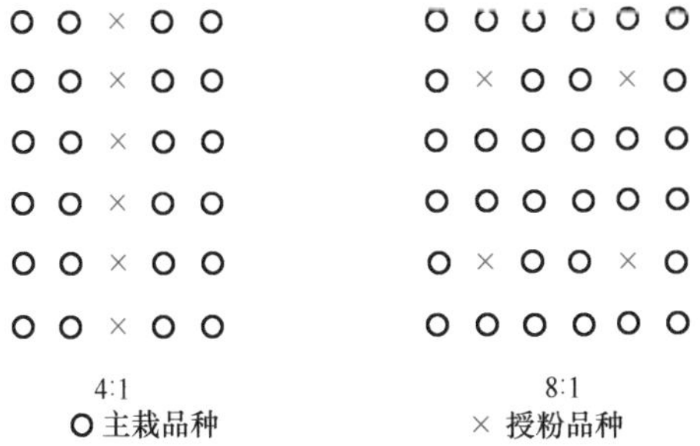

O O × O O　　　O O O O O O
O O × O O　　　O × O O × O
O O × O O　　　O O O O O O
O O × O O　　　O O O O O O
O O × O O　　　O × O O × O
O O × O O　　　O O O O O O

4∶1　　　8∶1
O 主栽品种　　　× 授粉品种

图1-23　授粉品种的田间排列

第二章

果园定植与幼树管理

第一节 苗木选择与幼树栽植

一、苗木选择与处理

在栽植前要对树苗进行严格的选择，一定要选用优质壮苗。优质壮苗的标准是：根系发达，具有4～5条较粗的主、侧根，长度在20cm以上，具有较多的须根；苗木高1.2～1.5m，地上10cm处的直径为1.0～1.2cm，独干苗整形带内要有5～6个好芽，即芽眼大而饱满。国外一般选用整形带内有3～5个长30～50cm良好分枝的矮化砧大苗（图2-1），嫁接口以上10cm处粗度（直径）在1cm以上，栽后第二年即可挂果。目前国内矮化大苗尚处于起步阶段，市场上矮化自根砧、中间砧大苗很少，基本上以矮化中间砧单干苗（图2-2）为主。营养系矮化中间砧苹果苗木国家标准见表2-1。

图2-1 荷兰带分枝自根砧大苗

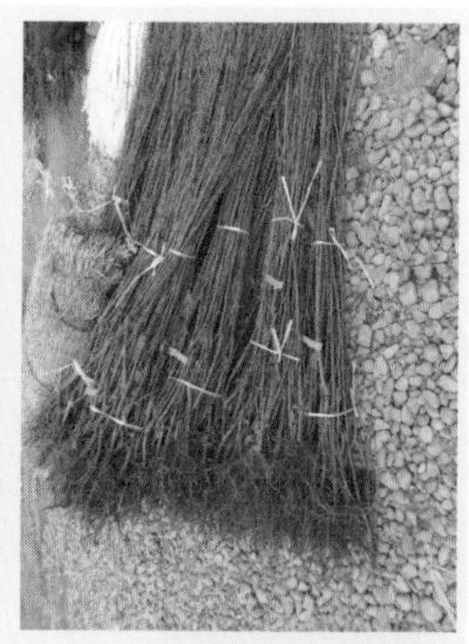

图2-2 国内中间砧单干苗

表 2-1　苹果苗木国家标准（营养系矮化中间砧苹果苗）

项目		级别		
		一级	二级	三级
品种与砧木类型		纯正		
根	侧根数量	5 条以上	4 条以上	4 条以上
	侧根基部粗度	0.45cm 以上	0.35cm 以上	0.3cm 以上
	侧根长度	20cm 以上		
	侧根分布	均匀、舒展而不卷曲		
	砧段长度	5cm 以下		
颈	中间砧段长度	20~35cm，但同一苗圃的变幅不超过 5cm		
	高度	120cm 以上	100cm 以上	80cm 以上
	粗度	0.8cm 以上	0.7cm 以上	0.6cm 以上
	倾斜度	15°以下		
根皮与茎皮		无干缩皱皮；无新损伤处；老损伤处总面积不超过 $1cm^2$		
芽	整形带内饱满芽数	8 个以上	6 个以上	6 个以上
接合部愈合程度		愈合良好		
砧桩处理与愈合程度		砧桩剪除，剪口环状愈合或完全愈合		

对于经过假植贮藏的或外地远距离运来的苗木，要进行必要的处理。一是剔除弱苗、伤苗或失水过重的苗（图 2-3）；二是喷布或浸蘸杀虫剂、杀菌剂（如 3~5 波美度石硫合剂等），进行杀菌消毒（图 2-4），以避免病虫害的传入；三是修剪受伤的根系；四是栽植前把根系放在水中浸泡 24h，使其充分吸水，然后蘸泥浆后栽植，这样可以有效提高幼树的成活率。

图 2-3　苗木修整和分级

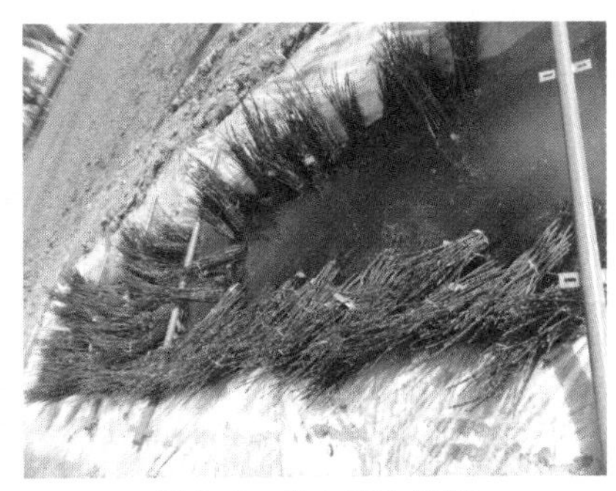
图 2-4　苗木浸泡消毒

二、定植穴或定植沟的挖掘与处理

株距在2m以上的果园，宜挖定植穴。定植穴的大小以深80～100cm、宽100cm为好。土壤坚硬、黏重时，定植穴应适当大些，沙质壤土地可以适当小些。株距在2m以下的果园，适宜顺行向开挖定植沟（图2-5～图2-7），以宽80～100cm、深80～100cm为好（图2-8）。为了使下层土壤有一定的熟化时间，挖穴或挖沟的时间应在栽树前3～5月完成，比如秋季提早挖穴，春季栽树。

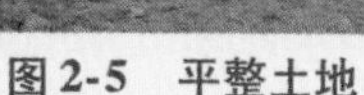
图2-5　平整土地

图2-6　放线

挖穴或挖沟时，表土（深度在30cm以上的活土）和底土（深度在30cm以下的死土）应分开堆放。回填土时，应分层进行，并逐层踩实。下层填底土并进行适当改土。

穴或沟的上层用表土和底肥混合后回填（图2-9～图2-11）。底肥应以有机肥和磷肥为主。磷肥可选用过磷酸钙，每株施用1.0～1.5kg。有机肥的用量依肥料的质量而定。猪粪、牛粪、羊粪等每株可施用10kg，质量较差的土杂肥每株施用50kg，而质量较好的鸡粪、人粪尿则一定要经过高温腐熟，每株的用量也不能超过5kg，切不可集中施用在根的周围，一定要离根远点，以免“烧根”。

图2-7　挖定植沟

图2-8　定植沟深度

图2-9　定植沟填秸秆和粪肥

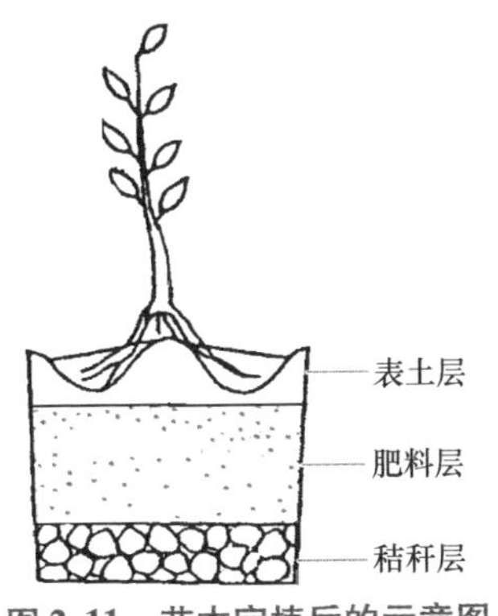

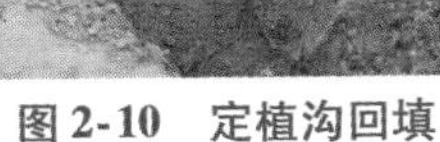

图 2-10　定植沟回填　　图 2-11　苗木定植后的示意图

三、苗木定植

1. 栽植时期

苹果的适宜栽植时期有 2 个，一是落叶后至土壤结冻前的 11 月，二是土壤解冻至幼树萌芽前的春季。春季栽植从土壤解冻后就可开始，到幼树萌芽结束，宜早不宜迟。

栽植前在回填沉实的定植穴（沟）的定植点处挖 1 个小坑。坑的底部做成中间高、四周低的馒头状。坑的深度依苗木的栽植深度而定。实生砧及矮化自根砧苹果苗，坑深 20～25cm；栽植深度以嫁接口处高出地平面 10cm 为好。如果栽植过深，易造成接穗生根（如嫁接口接近或低于地面，品种接穗很容易生根），影响矮化效果。矮化中间砧苗木（图 2-12），中间砧段长度多为 30cm，栽植时可将中间砧段的 1/2～2/3 埋入地下，地上留 10cm（图 2-13）。埋入土中的中间砧段很容易萌发新根，形成新的矮化砧根系。因此苗木为中间砧苹果苗时，小坑应挖得深一些，以 30～40cm 为宜。

2. 栽植方法

栽植时将苗木放入穴内正中位置，横竖标齐，扶正苗干，舒展根系，轻轻填土封穴，防止用大锹填土时砸歪果苗。稍封几锹松土。轻提一下果苗，以舒展根系。小坑封平后用脚踩实，随后围绕幼树做出 1m×1m 的树盘或顺树行做成宽 1m 左右的灌水畦，并及时灌水。最好栽一棵灌一棵，或者栽好一行灌一行。栽后及时灌水可使根系与土壤密接，对幼树成活至关重要。栽后 3～5 天，树盘下覆盖 1m×1m 或成行覆盖 1m 宽的地膜（图 2-14）。覆盖地膜不仅有利于保墒，减少水分蒸发，而且有利于提高地温。在需要

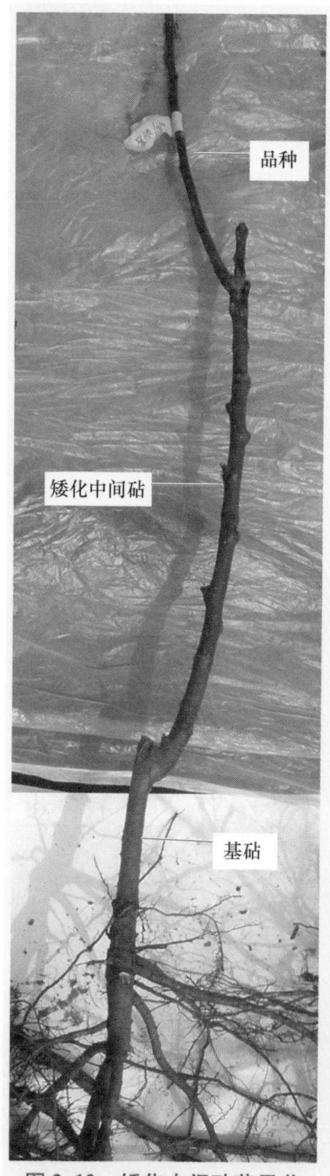

图 2-12　矮化中间砧苹果苗

图 2-13　中间砧苹果苗栽植深度

防寒的地区，入冬前栽植的树，栽后可在幼树基部培 1 个约 20cm 高的小土堆。春季萌芽前清去土堆以提高地温，促进萌芽。

图 2-14　栽后覆膜

第二节　幼龄果园管理

一、树下管理

树下应保持 1.0～1.5m 宽的营养带，不间作任何作物，而且要及时除草，使幼树免受杂苗或间作物的影响。树下管理的方法有 3 种，分别是清耕、使用除草剂和地面覆盖。

1. 清耕

我国的果园多为人工除草，每年清耕 2～4 次，虽然便利且费用低，但如果果园面积较大，用工量也是很大的。因此，面积较大、人力不足的果园，也应考虑使用机器铲草或使用除草剂。

2. 使用除草剂

使用除草剂除草也是进行树下管理的方法之一。应选用对果树安全的选择性除草剂，如防治阔叶性杂草的敌草胺、氨磺灵、扑草净、伏草隆等，防治禾本科杂草的拿草特、二甲戊灵、盖草能等，或者使用非选择性茎叶除草剂，如 2,4-D、草甘膦等。喷施茎叶除草剂时应严格遵照有关安全使用规范，对幼树树干做好保护，并防止除草剂飘落到果树枝叶上（图 2-15）。

3. 地面覆盖

果园常用的地面覆盖物主要有两大类，一类是塑料薄膜等无机材料，另一类是作物秸秆等有机材料（图 2-16 和图 2-17）。地面覆盖能减少地面蒸发从而起到显著的保水作用，提高果园水分的有效利用率。塑膜覆盖的

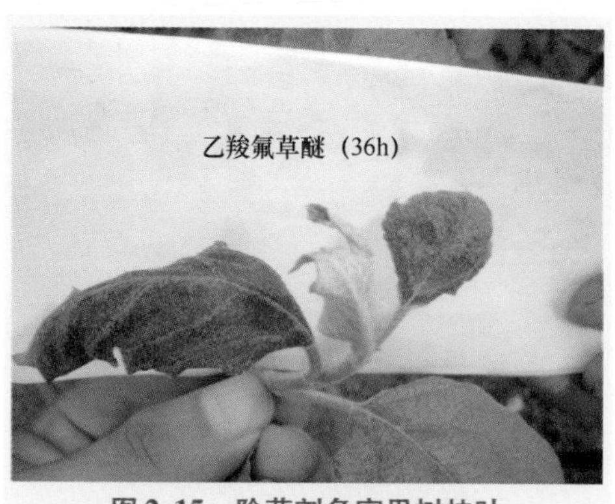

图 2-15　除草剂危害果树枝叶

保水效果最为显著，其增加土壤温度的效果也最显著。因此，幼树栽后树下覆盖塑料薄膜对幼树保活及促进其生长都有十分明显的作用。塑膜覆盖带应做成两边稍高、中间稍低的形状，并隔 20～30cm 在塑膜上扎 1 个洞，以便于雨水的收集和下渗。

图 2-16　果园地面覆盖秸秆

图 2-17　果园地面覆盖花生壳

作物秸秆等有机材料覆盖，除了能节水保水、调节地温外，还能增加土壤有机质，改善土壤营养及理化性能，促进土壤中的微生物活动，从而对果树的产量和质量发挥显著的正面作用。有条件的果园应大力提倡采用这项技术。

树下覆盖的宽度应不小于 1m。随着树龄的增大，应逐渐扩大至 1.5m 及以上。有机材料覆盖时，其厚度应不小于 10cm。如果覆盖太薄，难以起到防止杂草生长及改良土壤环境的作用。

二、行间管理

幼龄苹果园行间间作适宜选择花生、红薯、土豆、大蒜、辣椒等低秆作物。随着幼树的成长，间作带的宽度应逐年减小，至栽后 3～4 年，幼树开始结果后，行间间作即应完全停止。商业果园应对果园间作进行必要的经济核算，在间作效益不高的情况下，应从幼树定植后开始，行间采用生草制管理（图 2-18 和图 2-19）。采用行间生草制管理，可以人工播种羊茅草、红白三叶草、紫花苜蓿或者保留适当的野生杂草，但是每年需要对生草带进行多次铲割，将草的高度控制在 30cm 以下。

图 2-18　果园行间生草

图 2-19　幼树行间种花生

三、支架系统

矮化密植苹果园需要设立支架，支架应设计为临时性支架或永久性支架。

临时性支架主要用在幼树上（图 2-20 和图 2-21），栽后即可设立。5～6 年后树已成形，支架就可以移除了。以 M26、M9 做中间砧的中密度栽植系统（82 株/亩以下）可采用临时性支架，而采用 111 株/亩以上的高密度栽植时，宜选用永久性支架系统（图 2-22）。

图 2-20　新栽幼树用木棍支撑

支架系统分为单株支柱和篱型架式两大类。单株支柱即每株树设 1 根支柱，可用木杆、竹竿或支撑力较好的材料，在幼树定植时，与支柱一同栽下。在生长季节，幼树主干及新长出的中心干要及时绑缚在支柱上。

篱型架式则多为顺行向每 10m 左右设 1 根水泥立柱。立柱的长度依设计的树高而定。国外的高细长纺锤形常设置 4～6 道铁丝。即使仅为防止树干折断，也至少需要设置 2 道铁丝。

图 2-21 临时性支架系统

图 2-22 永久性支架系统

支架系统的费用因材料不同而差别很大。一般篱型架式的费用低于单株支柱。

四、幼树的施肥

苹果新栽幼树尤其要注意氮肥的施用。一般情况下，每株幼树每年应施20g左右的纯氮肥，折合尿素约为50g。施肥位置距树干应不小于30cm。有机肥及磷肥、钾肥等其他肥料应在栽树前施于栽植带或全园，并深翻于土中。

第三节 树形培养

矮砧密植果园整形一般采用细长纺锤形（图 2-23），长势较旺的品种在水肥条件好的地方可采用改良纺锤形（图 2-24），国外水肥条件较好的地方多采用高纺锤形（超细长纺锤形）（图 2-25），国内尚处于试验阶段。

图 2-23 细长纺锤形

图 2-24 改良纺锤形

图 2-25 高纺锤形

一、细长纺锤形

细长纺锤形的典型特点是有一个强壮的中心干，骨干枝在中心干上的分布不分层，每隔 15 ~ 20cm 留 1 个骨干枝，全树共 15 ~ 20 个。下部的骨干枝稍大，越往上越小，使树冠呈下大上小的直立松（塔）形状。树的高度依设计要求而定，变化于 2.5 ~ 3.0m 之间。该树形适于比较矮化的树，比如以 M9 做砧木的树。生长旺、早实性差的品种，尤其是砧木的长势也比较旺的，按细长纺锤形整形就比较困难。

采用细长纺锤形时，使用带有分枝的苗木最为理想。定植时，仅疏去过低的分枝，留下的所有分枝都不用短截。整个整形阶段的任务是既要培养出强壮的中心干，又要防止其生长过旺，造成上强下弱，同时也要避免其因中心干上部过早结果而长势衰弱，造成下强上弱。细长纺锤形整形过程见图 2-26。

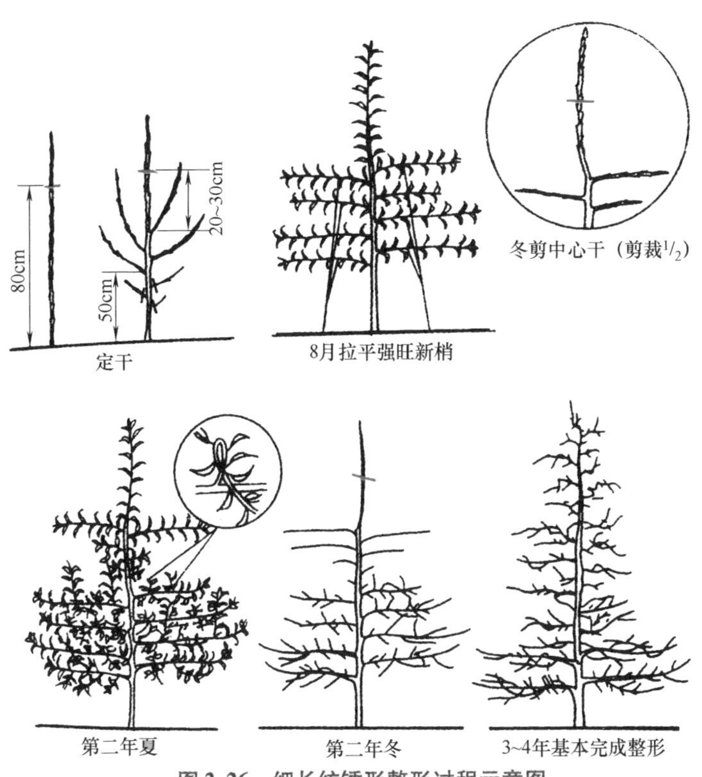

图 2-26 细长纺锤形整形过程示意图

1. 定植后

1）疏去距地面不足60cm 的分枝。

2）分枝不足3 个的幼树，所有分枝一律留桩短截，中心干在地上80～90cm 处短截（图2-27 和图2-28）。

3）分枝在3 个以上的幼树，在最高一个分枝上方30cm 处短截中心干。

4）疏去太大的分枝，如径粗超过中心干径粗1/2 的分枝。

5）对于不带分枝的单干苗，在地上80～90cm 处短截，苗弱或高度不足者，在饱满芽处短截。

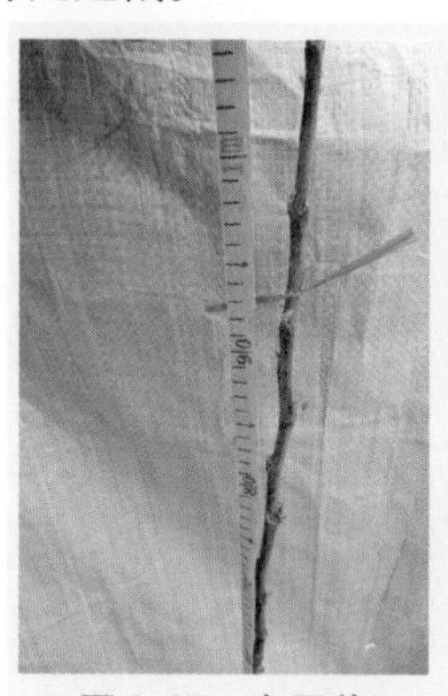

图2-27 定干前

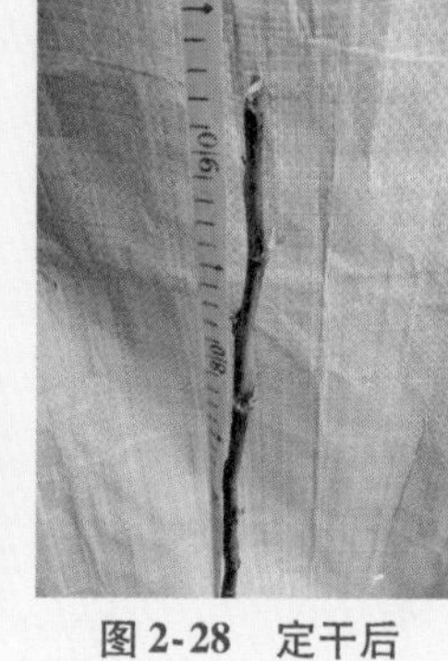

图2-28 定干后

2. 栽后第一年

1）生长季节，选择剪口下第一个芽抽生的新梢做中心干延长头，保持其直立旺盛生长。

2）抹掉其下的第二、三芽，避免其与中心干延长头竞争（图2-29 和图2-30）。

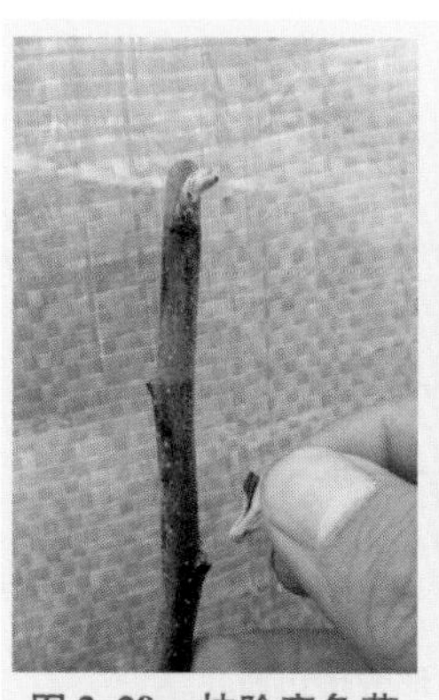

图2-29 抹除竞争芽

图2-30 抹芽后

3）对中心干上已有的分枝拉至近水平；对新抽生的分枝及时用牙签或竹夹增大其分枝角度（图2-31～图2-34）。

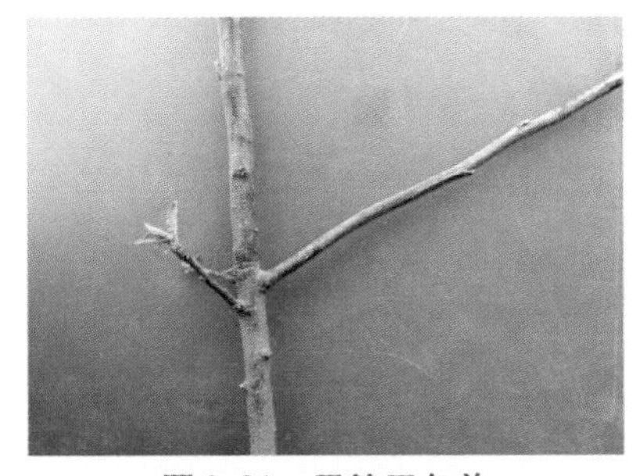
图2-31　牙签开角前

图2-32　牙签开角后

图2-33　竹夹开角前

图2-34　竹夹开角后

3. 栽后第二年

（1）休眠期

1）中心干延长头生长较弱的树，短截掉中心干延长头1/3～1/2，其生长过强时则进行换头或拉弯至90°。

2）骨干枝上只保留中短枝，过大过长的分枝一律疏除，避免其成为大侧枝，骨干枝的延长头不短截。

3）没有分枝或分枝不足3个的幼树，对中心干在地上80～90cm处短截。

（2）生长季节

1）冬季修剪时中心干短截的树通过抹芽控制竞争枝。

2）拉枝一般拉至近水平，长势旺、枝量大的骨干枝可拉至下垂，因坐果而被压弯的枝则应上拉，对任何超过中心干径粗1/2的粗枝应留桩短截（图2-35和图2-36）。

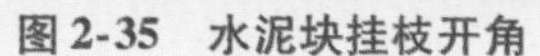

图 2-35 水泥块挂枝开角

图 2-36 开角器开角

栽植后如果幼树树形没有培养好，则需要及时矫正，图 2-37 展示了 1 株树形紊乱的幼树进行矫正的过程，主要原则是主干要直、要强，侧枝及时拉平。

①处理前的树形紊乱 ②绑缚主干 ③打地锚 ④将主干拉直

图 2-37 幼树树形矫正

拉枝　　　　矫正后的效果

图 2-37　幼树树形矫正（续）

4. 栽后第三年

（1）休眠期　对中心干延长头长势较弱的树，短截去中心干延长头的 1/3～1/2；而对生长过旺者通过换头进行控制，或把其拉弯至 90°。

（2）生长季节

1）对冬季中心干延长头短截过的树，通过抹去剪口下的 1～2 个竞争芽来维护中心干的长势。

2）疏除直立生长的旺枝；强旺的多年生大枝或当年生新梢均拉至水平；因坐果而下垂的枝应向上拉起来。

5. 栽后第四年

（1）休眠期

1）中心干延长头如果长势过于强旺，用合适的侧枝更换。

2）回缩过长的骨干枝。

（2）生长季节

1）通过必要的夏季修剪来维持树形成金字塔状，改善下部光照条件。

2）及时疏去直立旺长枝。通过换头把树高维护在设定范围。

【注意】切记换头处须有大小合适的分枝，不可落头过重或替代枝过小而刺激树上部的旺长。根据需要回缩骨干枝，及时通过疏枝、控枝来维持它们的大小和枝势。

二、改良纺锤形

对于穗/砧组合长势比较强旺的栽植材料，采用细长纺锤形整形时易出现上强现象。对此可采用改良纺锤形，即树冠下部按照小冠疏层型的方法培养3个主枝，中上部则按照细长纺锤形的整形原则和方法在中心干上培养大小不等的结果大枝，这些枝在中心干上的分布不分层次。其具体的整形过程参照小冠疏层型和细长纺锤形的方法进行（图2-38）。

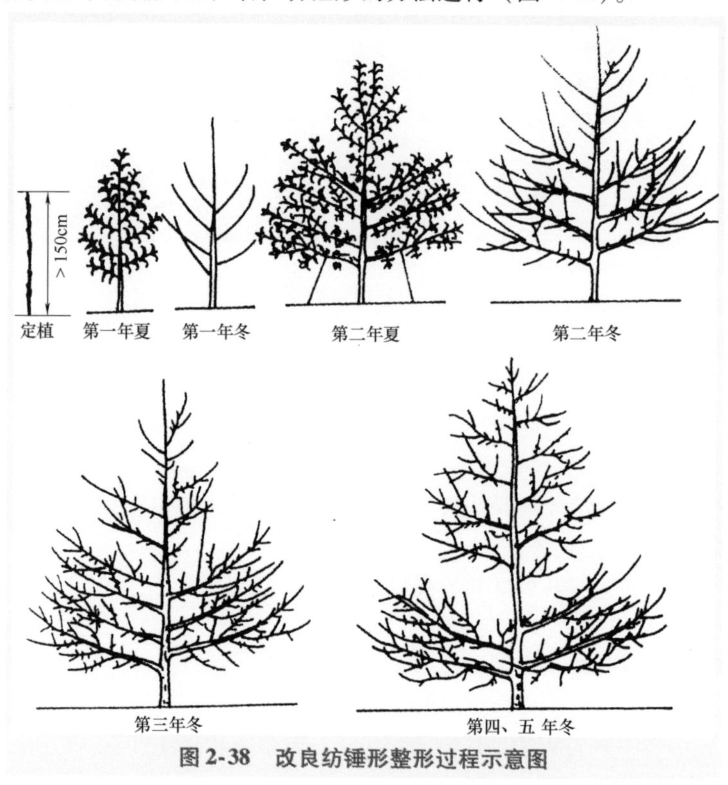

图2-38　改良纺锤形整形过程示意图

第三章

苹果优良品种和常用矮化砧木

第一节 早熟品种

一、藤牧一号

藤牧一号（图3-1）为美国品种，又名南部魁，1986年由日本引入我国，在主要果产区都有栽培，现已成为我国南方丘陵地区苹果栽培的主要品种。

图3-1 藤牧一号

该品种果实中大，平均单果重160g；果实呈近圆形，萼洼有不明显的五棱凸起；果面光滑，底色黄绿，果面着有粉红色条纹，外形整齐美观。果肉为黄白色，肉质细而松脆，汁液多，风味酸甜适口，带有芳香气味；可溶性固形物含量在11%左右，品质中上等。果实在室温下可贮藏7～10天。

树势强健，幼树生长快，成枝力中等，可以采取多次重摘心促使发枝，利用部分腋花芽结果以缓和树势。定植后2～3年即可开花结果，果实在郑州地区7月上旬成熟，在我国南方地区6月中旬可以采收。

该品种果实成熟期不一致，应分期采收，如果果实采收过晚，果肉易发绵。同时，还应适当疏花疏果，以增加果实单果重。

二、K12

K12（图3-2）是中国农业科学院郑州果树研究所从韩国交换引进的新品系，目前还没有进行品种审定。果实呈扁圆至近圆形，大型果。果实底色黄绿，着鲜红色。果肉松脆，多汁，甜酸适度，有香气，较耐贮放。平均果重225g，可溶性固形物含量为13%。郑州地区成熟采收期在6月底~7月上旬。无采前落果现象。果实易发绵，成熟期不一致，需及时分批采收。

图3-2　K12

三、信浓红

信浓红（图3-3）是日本长野县果树试验场培育的早熟品种。果实呈长圆锥形，果形端正，底部平，大型果，果个均匀。果肉酥脆，风味浓，酸味稍重。该品种的果皮薄，易擦伤、碰伤。枝条粗壮，叶片肥厚，易成花是其主要优点。平均单果重206g。果面底色黄绿，全面着红色鲜艳条纹，着色面积在70%以上，树冠内外均可正常着色，果实可溶性固形物含量为14.5%。郑州地区成熟采收期在7月中旬。

图3-3　信浓红

第二节 中熟品种

一、美国八号（华夏）

美国八号（图3-4）是美国品种，由中国农业科学院郑州果树研究所于1984年引入。

该品种果实大，平均单果重240g；果实呈近圆形，果面光洁无锈；底色乳黄，着鲜红霞色；果肉为黄白色，肉质细脆，汁液多，风味酸甜适口，香味浓，可溶性固形物含量为14%，品质上等。果实在室温下可贮藏15天左右。

该品种树势强健，幼树生长快，结果早，有腋花芽结果习性，丰产性强。果实成熟期在8月上旬，为优良的中熟品种。果实应及时采收，否则会有落果现象，果实不耐贮运。

图3-4 美国八号

二、华 硕

华硕（图3-5）是由中国农业科学院郑州果树研究所从美国八号与华冠的杂交后代中选出的。该品种果实近圆形。果面底色黄绿，着鲜红色，着色面积达70%，个别果实可达全红，蜡质厚；果肉为绿白色，松脆，酸甜适口，有香味，品质上等。果实较大，平均单果重232g，可溶性固形物含量为12.8%。萼洼深大，与“粉红女士”相似。华硕在郑州地区7月下旬上色，8月初成熟，成熟期比美国八号晚3~5天，比嘎啦早7~10天。

果实在室温下可贮藏20天以上，冷藏条件下可贮藏2个月。

图3-5 华硕

三、早 红

早红（图3-6）是意大利品种，原名意大利早红，由中国农业科学院郑州果树研究所引入。该品种果实较大，平均单果重223g；果实呈近圆锥形，果形指数0.9，果实7月下旬着色，底色绿黄，全面或多半面鲜红色，果面光洁、有光泽。果实肉质细，松脆，汁液多，风味酸甜适度，有香气，可溶性固形物含量为12.5%，品质上等。果实采收期为8月初，果实较耐贮藏，货架期在15天左右。

图3-6 早红

四、红 露

红露（图3-7）是韩国国家园艺研究所用早艳与金矮生杂交育成的新品种。该品种果实呈圆锥形，高桩，萼洼较深，花萼闭锁，果顶有5~7个凸起棱，梗洼深、阔。大果型，平均单果重236g，果面底色黄绿，全面着鲜红色并具条纹状红色，自然着色率达80%以上。果面光洁无锈，果皮较薄，果点明显且数量中多。果肉为黄白色，脆甜，汁液多，有香味，可溶性固形物含量为14%。果肉较硬，耐贮运，室温条件下可贮藏30天以上。个别果实有糖蜜现象。成熟采收期在8月中下旬。

图3-7 红露

五、嘎啦及其芽变系

嘎啦（图3-8）是新西兰品种，于1960年发表。皇家嘎啦是嘎啦系中栽培面积最大的品系。果实中等大，平均单果重145g，呈短圆锥或近圆形，萼部有不明显的五棱凸起。底色橘黄，阳面具有浅红晕和红色断续条纹，个别果实梗洼处具有少量果锈。果形整齐、美观，果皮较厚，果面有光泽。果肉为乳黄色，肉质松脆，汁液中多，风味甜，略有酸味，芳香浓郁，可溶性固形物含量为13.8%，品质上等。在室温下可贮藏20天，冷藏条件下可贮放数月。坐果率高，早果性和丰产性强。熟前有轻微落果现象，在郑州地区8月上旬成熟，较金冠早成熟20天以上，贮后果面有一层蜡质。

因该品种坐果率高，应适当疏花疏果，调节果实负载量，以增大果个。果实应分期采收，如果采收过晚，果实贮藏性就会下降，并有落果现象。

图 3-8 嘎啦

六、蜜 脆

蜜脆（图 3-9）是美国品种，由西北农林科技大学引入，2007 年通过陕西省品种审定。该品种果实呈圆锥形。平均单果重 330g，果面着鲜红色，条纹红，成熟后果面全红，色泽艳丽，果肉为乳白色，果心小，甜酸可口，有蜂蜜味，质地极脆但不硬，汁液特多，香气浓郁，口感好。果实可溶性固形物含量为 15%。该品种树势中庸，树姿开张，叶肥厚，不平展，萌芽率高，成枝力中等，枝条粗短，中短枝比例高，秋梢很少，生长量小，以中短果枝结果为主，壮枝易成花芽，成花均匀，丰产，单产高于新红星，连续结果能力强。成熟采收期在 8 月下旬 ~9 月上旬。

图 3-9 蜜脆

七、金 冠

金冠（图3-10）是美国品种，又名金帅、黄香蕉、黄元帅，于20世纪20年代推广，遍及世界各苹果主产国家，是栽培面积最多、范围最广的品种之一，在意大利、法国为主栽品种。20世纪30年代引入我国，在各苹果产区都有大量栽培，曾占我国苹果栽培面积的40%左右。近20年，由于金冠果实果锈和贮放期间病害严重，加上新优品种的不断出现，栽培面积逐年减少。

图3-10　金冠

该品种果实较大，平均单果重180g；果实呈圆锥形或近圆形；果面为绿黄色，充分成熟后呈金黄色。在高海拔地区栽培，阳面具有红晕；在平原地区栽培，果面常有果锈。果肉为乳白色或黄白色，肉质致密、细脆，汁液较多，酸甜适度，有浓郁芳香，可溶性固形物含量为14%，品质上等。果实较耐贮藏，但贮藏过程中果皮易皱缩，影响外观。

该品种树势强健，树姿半开张，幼树生长量大，萌芽率高，有腋花芽结果习性。果实成熟期一致，无采前落果现象。果实成熟期在9月下旬。在生产过程中选出了许多金冠芽变系品种，如金矮生、矮金冠、矮黄等品种。

八、元帅系

元帅也是一个著名的老品种。从元帅中选出一大批短枝型着色新品系，如红星、新红星（图3-11）、首红等。其中新红星、首红、瓦里短枝等在我国的苹果生产中曾得到大力推广应用。在目前的苹果品种结构中，该品种也几乎退出了主栽品种之列。其主要原因是该品种果实易发绵，不耐贮运。运销过程需要严格的冷链条件。但是，该品种着色好，丰产性好，尤其是芳香浓郁，在中秋节、国庆节的市场上，还是有一定吸引力的。该品种果实中大，平均单果重190g，可溶性固形物含量为11.5%。在我国中部地区，新红星多在9月上中旬采收上市。

图3-11　新红星

九、华冠及锦绣红

华冠由中国农业科学院郑州果树研究所选育。1993 年通过河南省农作物品种审定委员会审定。该品种果实呈圆锥形，果个大。果面底色绿黄，着鲜红条纹，在条件好的地方可全红。果肉细脆，甜、多汁，耐贮运。在我国中部地区，该品种 9 月下旬即可上市。此时果实脆甜可口，唯着色不足；但至 10 中旬虽着色可至全红，但易出现果肉变黄、汁液减少、口感变差的问题。采后在一般贮藏条件下也容易出现这一问题。在冷藏条件下，则果实品质不受影响，至春节前后果实仍脆甜可口。

锦绣红（图 3-12）是郑州果树研究所从华冠中选出的着色系芽变。在我国中部地区，在 9 月中旬该品系多数果实即能全红。果实中大，平均单果重 180g，最大果重约 350g；果实呈圆锥形或近圆形，萼洼有小五棱凸起；底色绿黄，大多 1/2 的果面着鲜红条纹，在条件好的地区可全面着色，果面光洁无锈；果肉为浅黄色，肉质致密、脆，汁液多，风味酸甜适宜，有香味，可溶性固形物含量为 14%，品质上等。果实在室温下可贮藏至第二年 4 月，肉质仍脆。

图 3-12　锦绣红

第三节　晚熟品种

一、红富士

富士品种是日本农林水产省果树试验场盛冈分场用国光和元帅杂交培

育而成的。1939年杂交，1962年定名。由于具备果大、肉质细脆、风味甜且耐贮放等优点，不仅在日本迅速推广，而且在世界各主要苹果生产国都有一定程度的发展，已成为发展速度最快的世界性品种。日本在1972年开展富士的芽变选种，先后选出了着色系品种280余个。我国在生产上称着色系富士为红富士。按株型分，有普通型（图3-13）和短枝型（图3-14）两类；按果实色相分，有片红（Ⅰ系）和条红（Ⅱ系）两类。近年来还选出成熟期较富士提前的早生富士和红将军等品种。

目前富士是我国苹果生产上面积最大的主栽品种，主要品系有长富2号、秋富1号、岩富10号、宫崎短富、礼泉短富等。近期推广的有2001富士、早生富士、烟富系等。

该品种果实大，平均单果重250g；果实呈圆形或近圆形；果面光滑，有光泽，底色黄绿，阳面被有浅红霞及细长红条纹，通过套双层纸袋，果实能全面着粉红色或鲜红色，外观美丽。果肉为乳白或乳黄色，肉质细、松脆，风味甜微酸，汁液多，可溶性固形物含量为12.5%～18%，品质上等。果实耐贮藏，一般条件下，可贮藏至第二年4月，肉质不发绵，品质仍佳。

该品种树势强健，树姿半开张，萌芽率和成枝力中等，幼树生长旺盛，初结果树以中、长果枝结果为主，有少量腋花芽，盛果期以短果枝结果为主。坐果率高，丰产。在乔化砧上结果较晚，用矮化砧3年可始花见果，5～6年进入盛果期。结果过多，容易出现“大小年”结果现象。果实成熟期在10月下旬。

图3-13 普通富士长富2号

图3-14 短枝富士惠民短枝

二、粉红女士

粉红女士是澳大利亚品种，是威廉姆斯小姐品种和金冠的杂交后代，于1985年发表（图3-15）。在澳大利亚大量推广，果实售价颇高。我国于

1995年引入，在陕西省等地进行试栽。

该品种果实较大，近圆柱形，果形端正，高桩。平均单果重200g，最大果重306g；底色黄绿，果面大多着鲜红色；着色浅时，近于粉红色，色泽艳丽，果面光洁无锈。果肉为白色，肉质较细、韧脆，汁液多，风味偏酸微甜，可溶性固形物含量为17%，品质中上等。耐贮藏性强，贮藏后果面有较厚的蜡质。在我国中部地区果实于11月上旬成熟。

图3-15　粉红女士

第四节　常用苹果矮化砧木

一、M26

M26是英国东茂林试验站选出的最典型的半矮化砧（图3-16和图3-17），树体大小相当于乔化砧木的40%~60%，于1974年引入我国。可用硬枝或

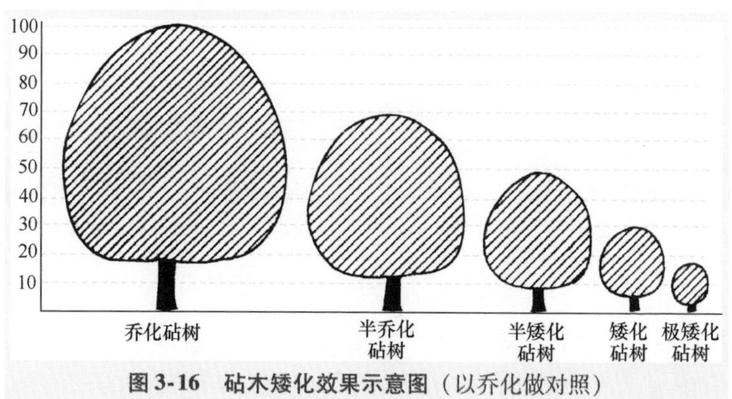

图3-16　砧木矮化效果示意图（以乔化做对照）

图 3-17　半矮化砧木 M26

半木质化枝打插，繁殖系数高，根系比较发达，根蘖少，抗寒力强，短期能耐 -27 ~ -26℃低温。抗白粉病、花叶病，但不抗棉蚜、茎腐病和火疫病。与苹果主要品种嫁接亲和力强，嫁接树体大小介于 M7 与 M9 之间，比 M7 砧木结果早，比 M9 砧木丰产，果实个大、整齐，适于嫁接结果晚的品种，如新红星、红富士等。早果性和丰产性都很强。作为自根砧，由于根系较浅，固地性差，需立支撑物，因此常做中间砧。

二、M9

M9 是英国东茂林试验站选出的典型的矮化砧（图 3-18），树体大小相

图 3-18　矮化砧木 M9

当于乔化砧木的20%~40%，于1958年引入我国。枝条粗壮，压条繁殖率低，根系不发达，固地性差，不耐干旱和瘠薄，根系在-6℃左右的土温下能越冬。与苹果嫁接亲和力一般，有“大脚”现象，嫁接口较脆，易倒伏。M9做自根砧的品种树高2m左右，M9做中间砧的品种树高2.5m左右，一般品种嫁接后2~3年结果，果实成熟期较其他砧木提前7天左右，且果大、质优、色艳。M9在生产上做自根砧嫁接品种时需用支柱，适宜密植。

三、SH系

SH系是山西果树研究所用国光与河南海棠种间杂交育成。压条生根好，易繁殖。嫁接苹果品种矮化性和亲和性均好，并有早花、早果、丰产、果实外观艳丽和品质好等优点。比M7、M9抗逆性强，不但抗旱性突出，而且抗抽条、抗倒伏，也较抗黄化病。

四、GM256

GM256是吉林省农业科学院果树所育成的半矮化砧，常用作中间砧，在东北、内蒙古等地应用。压条繁殖较难，不易生根。嫁接亲和力强。嫁接树结果早，比用山定子为砧木的树丰产，果实品质有所提高。

第四章

萌芽期管理技术（3月）

第一节 刻芽促发枝

苹果树刻芽，指在芽上方0.2～0.5cm处用刻芽刀或钢锯条横刻皮层的修剪方法，以促进芽的萌发力和成枝力。刻芽一般在萌芽前7～10天开始进行，分为主干刻芽和枝刻芽。刻芽的同时也可以给芽眼涂抹发枝素，这样能更有效地提高成枝力。

一、主干刻芽

主干刻芽（图4-1和图4-2）的目的是在主干合适部位促发新的主枝，幼树可用于树形建造，成龄树可用于主枝的更新。主干刻芽需要促发长枝，一般刻芽要尽早、离芽近、刻得深些。

图4-1 主干刻芽

图4-2 主干刻芽后芽萌发

二、枝刻芽

枝刻芽（图4-3）主要用于控制枝条旺长、促结果。枝刻芽需要促发短枝，刻芽要适当晚、离芽较远、刻得浅些。根据枝条强旺的程度决定刻芽的方法。若枝条过于强旺，则除了枝条梢部瘦弱的芽和基部不需要出枝

的部位不刻外，其余的芽全部刻。如果枝条只是正常旺长，而不是过于强旺，就采取间隔几个芽刻1个芽的方法进行。

【注意】 刻芽要求对旺条上的饱满芽刻芽，实际上每个枝只有中部芽体饱满，基部和梢部都是弱芽，这时可在春梢的饱满芽上刻，对于不饱满的虚旺秋梢，每隔5~6个芽进行分道环割。

图4-3 枝刻芽后成枝

三、刻芽需注意的问题

刻芽时需注意，弱树、弱枝不要刻，更不要连续刻。刻刀或剪刀应专用，并经常消毒，以免刻伤时感染枝干病害。春季多风、气候干燥地区，刻伤口最好背风向，防止发生腐烂病。

第二节 花前复剪与拉枝

冬季修剪时留枝量一般都偏多。早春花芽已经膨大，且易辨别时，应进行一次适当程度的花前复剪，及早疏去一部分过多的花芽，可以达到节约营养，提高坐果率的目的。

一、花前复剪的时间

花前复剪一般在果树萌芽后至开花前进行较为适宜，如果过早，因分不清花、叶芽，很难下剪；如果过晚，则对树体贮藏营养消耗较大，影响树势。

二、花前复剪的方法

对于串花短枝，可留2~4个花芽，进行缩剪或间疏花芽；对于花量大的树，要疏掉弱花芽，多保留短果枝，轻截中、长果枝的花芽；对于幼旺树辅养枝上的长串腋花芽，可留4~6个花芽剪截，以达到前部结果后部促使发枝的目的；骨干枝的延长头，冬剪时误留下的腋花芽当头，应剪除花芽，换上叶芽当头，以利于扩冠；有腋花芽的品种可利用腋花芽结果，花多时可适当剪除；对于花量大的弱树，除注意剪截到壮芽壮枝当头外，花期采用“以花定果”的办法，对增大果个、复壮树势也有十分明显的效果；对于处于结果小年的树，要尽量多保留花芽，中、长果枝不要破头，无花的长枝、中长营养枝和果台副梢，应进行短截和缩剪，以利于来年多形成花芽；对严重影响通风透光的重叠枝、竞争枝、内向枝和背上过强的密生直立枝等，均应进行剪除；复剪时，应只把花芽上的花蕾剪掉，不要伤及果台，因为果台上萌发的有些副梢，当年仍能形成花芽。

三、拉枝整形

拉枝时要抓住树液流动、枝条柔软、开花坐果前、易于拉枝的关键时间，及时正确拉枝（图4-4和图4-5）。通过调整枝条的夹角和方位角，不但能改善通风透光条件，提高萌芽率，促进成花，而且能达到控冠的目的。

图4-4　萌芽期拉枝前

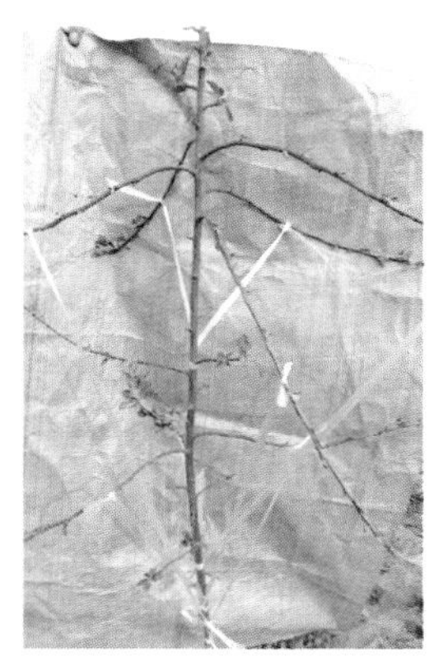

图4-5　萌芽期拉枝后

对较大的枝开张角度，改善内膛光照。通过主枝开张的角度大小来控制长势，对枝上的大枝适当去除，其余发芽后在其基部进行扭枝处理，然后拉下垂固定，注意摆好枝位，要分散开，避免影响光照，背上稳定的小枝不要拉，以免造成背上光秃，避免日灼，侧面过多的挡光枝要拉下垂。

对于主枝，视生长势和伸长空间决定拉枝角度。生长较弱或尚需延长的主枝，适当抬高梢角，短截延长头，促进生长；而长势较旺或已无延长空间的主枝，应将主枝头拉下垂，使其结果的同时，积极在后部背上培养预备枝，待其成花后，逐步回缩原头，控制树冠。

对于侧枝，要根据枝条的着生位置及生长势适当调整角度，使斜上、水平、斜下均匀合理分布，特别是老、弱树，要注意将生长优势转化为结果优势。

对于纺锤形的小主枝，应视砧穗组合、株行距及肥水条件，拉至90°～110°。拉枝一定要平顺。要做到一推、二揉、三压、四定位，并加强背上枝、芽的管理。苹果树春季的整枝工作主要是增加大量的短枝，分散极性，减少冒条，给稳定成花打好基础。

第三节 病虫害防治

一、喷铲除剂（第一次喷药）

花芽萌动期，全树喷施5%的菌毒清或5%的多菌灵100倍液、12.5%的戊唑醇乳油1000倍液，或95%的蚧螨灵乳油50～80倍液，防治山楂红蜘蛛（图4-6）等叶螨类害虫以及顶梢卷叶蛾（图4-7）、金纹细蛾（图4-8）等；烂果病较轻的果园，喷施3～5波美度石硫合剂，可铲除霉心病、轮纹病、炭疽病等病菌。发现苹果球蚧（图4-9），有虫枝率达到10%时，加15%的噻嗪酮可湿性粉剂1500倍液。发现苹果棉蚜（图4-10）时，使用40%的毒死蜱乳油500倍液涂抹剪锯口。

图4-6 山楂红蜘蛛

图4-7 顶梢卷叶蛾

图4-8　金纹细蛾

图4-9　苹果球蚧

金龟子（图4-11）为害严重的果园，在花芽萌动期前，利用雨后或灌溉后地表湿润条件，全园及时喷施48%的毒死蜱乳油200～300倍液处理一次地面，尤其是有农家肥堆的果园或水渠附近更要细致。枣尺蠖、象鼻虫等连年为害较重的果园，可人工捕捉害虫，也可在树干涂药环，或包扎塑料纸，阻隔害虫上树为害。

图4-10　苹果棉蚜

图4-11　金龟子

二、及时刮治腐烂病

结合刮老皮和冬季修剪，对果树进行细致检查，一旦发现腐烂病（图4-12），要及时进行刮治（图4-13）。刮治要点：利刀（刮刀要锋利），梭形（刮成上下两端窄浅、中间宽深的梭形刮口），立茬（要从上往下刮除病斑）。刮治范围要超出病疤上下各3～5cm，左右各1.5～2.0cm宽。刮后用5%的菌毒清30～50倍液或腐必清2～3倍液消毒（图4-14）。待药剂干后再涂抹加入了1/15甲基托布津的油漆或加入了1/10硫黄粉的油漆。刮下的病枝、病皮、碎屑，须同老翘皮一起带出园外（图4-15），予以烧毁或深埋。腐烂病严重的果树，可通过桥接进行挽救（图4-16）。

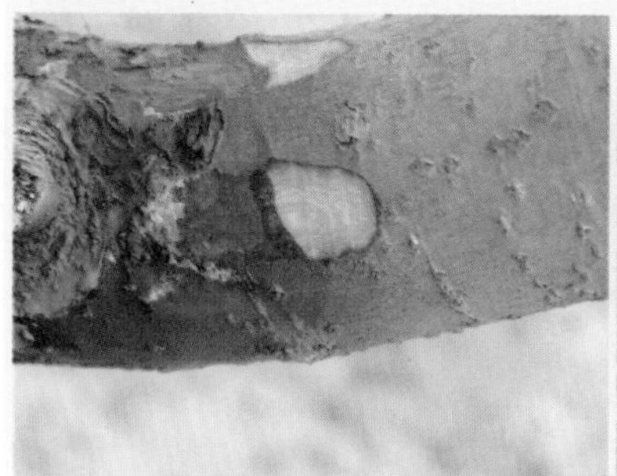

图 4-12　苹果树腐烂病症状

图 4-13　刮治腐烂病

图 4-14　刮后涂抹保护剂

图 4-15　将刮下的病皮、碎屑带出果园

图 4-16　对腐烂病严重的果树进行桥接

三、刮治轮纹病

主干上可刮得稍重一些，刮掉一层病皮，露出黄色的皮层即可，不可刮到木质部，主枝及小枝上应刮得轻一些，以刮掉病瘤（图4-17）为宜。刮后可涂刷5~10倍液的9281轮腐净等药剂。

图4-17　轮纹病枝干上的病瘤

四、处理剪锯口

对于粗糙的剪锯口，要用锋利的电工刀削平，并及时用伤口保护剂处理（图4-18），可用甲基托布津或多菌灵软膏涂抹剪锯口。

图4-18　处理剪锯口

五、防治枝干天牛

天牛的幼虫蛀食树干和树枝，影响树木的生长发育，使树势衰弱，导致病菌侵入，也易被风折断（图 4-19 ~ 图 4-21），受害严重时，植株整株死亡。可用昆虫病原线虫或菊酯类农药 100 ~ 300 倍液、有机磷类农药 15 ~ 30 倍液灌天牛蛀道或用毒签堵洞（图 4-22）。

图 4-19　天牛虫洞

图 4-20　天牛虫道

图 4-21　天牛老熟幼虫

图 4-22　往虫洞灌药

六、刮老翘皮

果树主干、主枝丫杈处的老翘皮（图 4-23）、裂缝、伤口是害虫的越冬场所，常潜藏着多种害虫和病菌，如螨类、食心虫类、介壳虫类、卷叶虫类、梨星毛虫等。将刮老翘皮结合除卵同步进行（图 4-24），防治病虫害效果显著。

图 4-23　老翘皮

图 4-24　刮老翘皮后

第四节　土肥水管理

一、起垄覆膜

苹果园覆膜时要选择黑色地膜，地膜厚度在 0.008mm 以上，质地均匀，膜面光亮，揉弹性强。选择黑色地膜的原因有：一是抑制杂草，延长地膜使用期；二是土壤温度变幅小；三是对萌芽开花物候期没有影响。如果覆盖白色地膜，可使开花期明显提前，膜下杂草丛生，地膜容易穿孔，从而缩短使用期。地膜的宽度应为树冠最大枝展的 70%～80%，因苹果树的吸收根系主要集中在此区域内，膜面集流的雨水会为此区域提供充足的水分。

新植的 2～3 年幼树，地膜宽度要求在 0.9～1.0m，并且单面覆膜，树干在膜面的中央，树盘垄面两边膜宽各 45～50cm。4 年以上的初果期树，根据树冠大小选择宽 1.0～1.2m 的地膜，在树盘垄面两边双面覆膜。盛果期树，根据树冠大小选择宽 1.4～1.5m 的地膜，在覆膜前，首先沿行向树盘起垄（图 4-25）。垄面以树干为中线，中间高，两边低，形成梯形，垄面高差以 10～15cm 为宜。起垄时，先用测绳在树盘两侧拉 2 道直线，与树干的距离小于地膜宽度 5cm，然后将测绳外侧集雨沟内和行间的土壤弄细碎后按要求的坡度起垄，树干周围 3～5cm 处不埋土。垄面起好后，用铁锨细碎土块、平整垄面、拍实土壤，经过 3～5 天，待垄面土壤沉实后，再进行精细修复，即可覆膜。覆膜时，树盘两侧同时进行为好，要求把地膜拉紧、拉直，使之无皱纹、紧贴垄面（图 4-26）；垄中央两侧地膜边缘交接

即可，用细土压实；垄两侧地膜边缘埋入土中约5cm。树盘垄面两边双面覆膜。

图4-25 起垄

图4-26 覆盖黑膜

二、追 肥

春季追肥在3月下旬~4月初进行。实际生产当中可根据树龄、树势，开浅放射沟用磷酸二铵加尿素（幼树20kg/亩，结果树60kg/亩）或者树盘撒施、翻入，然后深翻。有条件的果园可施肥后浇水，并及时耕作保墒。针对小叶病树（图4-27），可结合施基肥根施硫酸锌，每株0.5~1.0kg，萌芽前喷3%的硫酸锌+0.5%~1.0%的尿素液，当年即可见效。

图4-27 苹果小叶病症状

三、萌芽期灌水

春季苹果树萌芽抽梢，孕育花蕾，需水较多。此时常有春旱发生，及时灌水可促进春梢生长，增大叶片，提高开花势，还能不同程度地延迟物候期，减轻春寒和晚霜的为害程度。此时灌水可结合春季追肥进行。

第五章

花期管理技术（4 月）

第一节 树体管理

一、疏花（蕾）

按花枝、叶枝比为1∶(3～4)，或短枝型品种按16～20cm选留1个健壮花序，其余疏去，花序分离期全开花前再保留中心花和1～2个发育好的侧花，将多余的侧花和腋花序全部疏除（图5-1～图5-6）。

图5-1 花枝疏花前

图5-2 花枝疏花后

图5-3 疏蕾前

图5-4 疏蕾后

图 5-5 疏花前

图 5-6 疏花后

二、环剥（割）

环剥（图 5-7～图 5-13）即去掉 1 圈宽度不等的树皮，环剥要注意只剥掉树皮，不要损伤木质部。环割则是把 1 圈树皮切断，伤口深达木质部。由于环剥（割）暂时切断了有机营养往下运输的通道，使环剥（割）口上部枝叶中的有机营养积累增多，使生殖生长得到加强，营养生长得到削弱。花期环剥（割）有助于提高坐果率，5～6 月环剥（割）有助于促使新梢停长，促进花芽分化。环剥的作用强于环割。环剥（割）主要用于控制强旺树或强旺大枝。对强旺枝可在主干实施环剥（割），则整株的生长都会受到抑制。对强旺大枝则在大枝的下部实施环剥（割），这种局部处理有助于减缓该大枝的生长，促进成花结果，达到调节整株树不同大枝之间的生长结果平衡。主干环剥（割）由于切断了整个光合产物对根系的供应，使根系处于"饥饿"状态，对根系的生长和吸收有破坏性影响，因此使用时要慎重，不要环剥（割）太重，抑制时间太长，而且不要在中庸或弱树上使用。

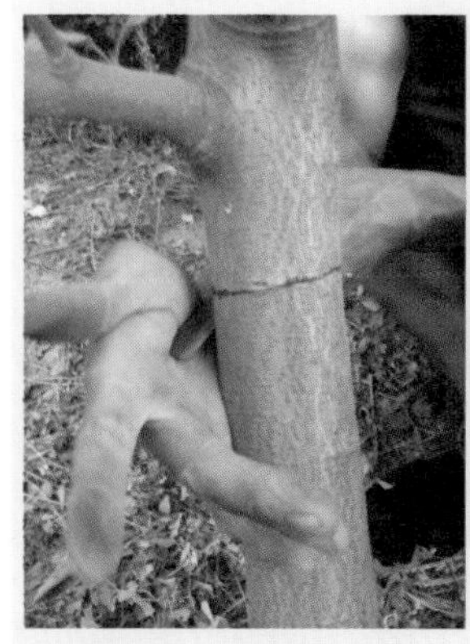

图 5-7 环剥第一圈

图 5-8 环剥第二圈

图 5-9 从上向下竖切

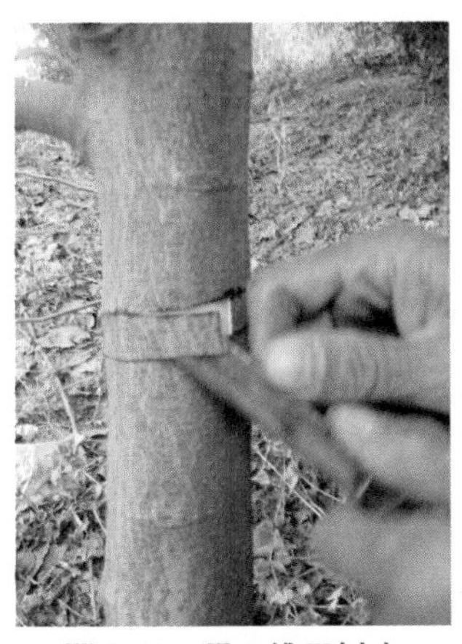

图 5-10　用刀挑开树皮

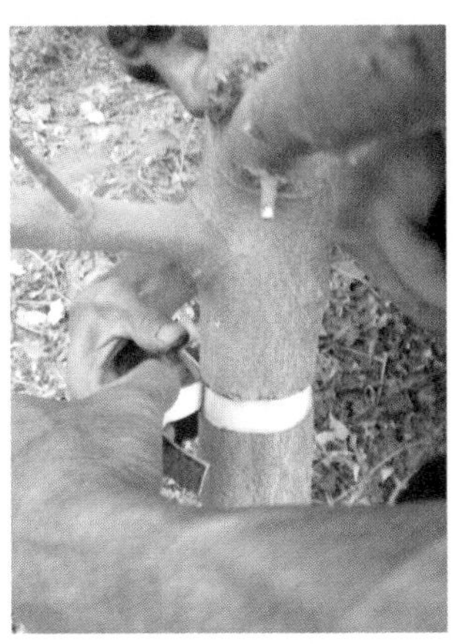

图 5-11　去除树皮

图 5-12　环剥后产生愈伤

图 5-13　完全愈合后

花期环割对提高坐果率的作用也很明显，生产上多在新红星等比较难坐果的旺树上采用。提高坐果率的另一措施是果台副梢摘心。对生长旺盛的果台副梢或营养枝新梢摘心，减少了营养生长与幼果生长对营养的竞争，有助于减少幼果脱落，提高坐果率。

第二节　提高坐果率

很多因素会影响苹果的坐果率，如修剪过重，水、氮肥过多造成枝梢旺长；树体衰弱，开花消耗过多造成树体营养不足；授粉树配置不合理；花期阴雨、低温，传粉昆虫不活跃；花期大风、空气干燥等缩短花期，降低柱头的授粉机会和能力等。加强花期管理，提高苹果坐果率，历来都是一个不可忽视的问题。

一、辅助授粉

1. 高接授粉树或插花枝

对授粉品种配置不合理，缺少授粉的果园，应按授粉树配置的比例高接授粉品种或加栽授粉树。作为临时性措施，可在花期剪一些授粉品种的花枝，插在水瓶内，挂在需要授粉的树上，以弥补授粉品种的不足。

2. 人工辅助授粉

人工辅助授粉是提高坐果率最有保障的一项措施，也是近些年来很多果园增产显著的重要原因。苹果生产上的人工授粉要掌握好以下几个环节：

（1）采花　在主栽品种开花前，提前从适宜的授粉品种树上采集含苞待放的铃铛花（图 5-14），一般 10kg 鲜花可产 200g 干花粉，可点授 10 亩果园。花朵的采集可与疏花结合进行。

图 5-14　铃铛花

（2）取花药　采回的花朵，应趁新鲜尽快采集花药。采集花药的方法有人工和机械 2 种。人工取花药时，两手各拿 1 花朵，花心相对，轻轻搓摩，将花药擦落到纸上。机械取花药时，将花朵从机器顶部的漏口放入，转动手柄，电动机内的毛刷将花药刷落，并收集起来。

（3）干燥取粉　收集的花药应放在 20～25℃ 的条件下，使其快速干燥，让花药开裂，散出花粉（图 5-15）。干燥取粉的办法较多。量大时可用火炕或暖房，将花药平摊在光滑的纸上，厚度为 0.5cm 左右，温度保持在 20～25℃，2h 翻动 1 次，一般经过 24h，花粉即可散出。采集少量花粉仅供自家果园使用时，可把花药摊在白纸上，放于炉灶旁或自制的加热（用电灯加热）箱里使其干燥。

【注意】 干燥取粉时，温度不可超27℃，尤其不能太靠近热源，以免花药变褐干死。有些果农把花药摊于纸上，然后折叠成方块，放在贴身衣兜里，靠体温使花药干燥开裂，也是个不错的办法。

图5-15　使用白炽灯干燥花粉

（4）人工授粉　授粉宜在盛花期进行，以天气晴朗无风或微风的上午9～11点为好。苹果授粉首选结果位置合适、生长健壮的花序，只点授先开放的中心花。不加选择地见花就授，不仅增加劳动量，而且还会增加以后的疏果量。授粉效果最好的是柱头新鲜的刚开放的花朵，因此果园的授粉应开一批，授一批，隔2～3天，再授粉1～2次。

人工点授（图5-16）的常用工具有毛笔、带橡皮的铅笔或缠有棉花的小木棒。把花粉装在小玻璃瓶里，方便携带和使用。授粉时，用铅笔橡皮头等工具蘸一下花粉，往花朵的柱头上轻轻一碰，使花粉均匀粘在柱头上。

图5-16　人工点授

人工点授虽费时费力，但授粉效果确切，坐果有保证，特别适合小面积果园采用。

如果果园面积较大，用工比较紧张时，可采用自制花粉袋、花粉棍散粉或专用喷雾器进行液体授粉。用散粉器授粉，花粉加入50倍的滑石粉或淀粉作为填充物，装入双层的布袋中，把花粉袋绑在竹竿上，在树冠上方顺风轻轻摇动花粉袋，使花粉均匀散落在柱头上。用鸡毛掸子或缠绑有泡沫塑料、外罩洁净的纱布的木棍作为散粉器，也能达到一定的授粉效果。如采用液体授粉，在1kg水中加入花粉2g、糖50g、硼砂4g，用超低量喷雾器均匀喷洒。

二、喷施微肥

因为硼能促进花粉萌发的花粉管伸长，加速授粉受精过程因此花期喷硼是提高苹果坐果率的有效措施。硼液的配制为0.3%的硼砂加0.3%的尿素。在盛花期前后各施用1次。有报道表明，在富士苹果的盛花期和幼果期喷施0.2%~0.8%的钼酸钠也可起到提高坐果率，促进果实膨大的作用。

三、果园放蜂

果园放蜂可明显提高苹果坐果率，一般1箱生长健壮的蜂群可满足6~10亩果园的授粉需要。其中角额壁蜂（图5-17）耐低温能力强，春季活动早，活跃灵敏，访花频率高，传授能力强，1只雌蜂1天可造访1万~1.2万朵花，每亩果园释放100~200只壁蜂，即可满足授粉需要（图5-18和图5-19）。果园放蜂应从苹果开花前4~5天开始，4~5天后可达到出蜂盛期。计划放蜂的果园，如果需要喷杀虫剂、杀菌剂，则须在花前10~15天喷施。放蜂期间禁喷任何药剂。

图5-17　角额壁蜂辅助授粉

图 5-18　简易蜂箱

图 5-19　专门搭建的蜂巢

第三节　病虫害防治及土肥水管理

一、防治早期落叶病、蚜虫等（第二次喷药）

花后 1 周喷施 80% 的喷克 1000 倍液加 1% 的中生菌素 400～500 倍液，可防治早期落叶病、轮纹病、炭疽病、白粉病（图 5-20）；防治叶螨（图 5-21），可加用 0.2% 的阿维菌素或 20% 的螨死净 2500 倍液或 5% 的尼索朗 2000 倍液；防治蚜虫（图 5-22），可加用 10% 的吡虫啉 5000 倍液（或 3% 的啶虫脒乳油 2500 倍液）。

图 5-20　苹果白粉病

图 5-21　山楂叶螨

图 5-22　苹果黄蚜

二、防治霉心病

苹果霉心病（图 5-23）危害严重的果园，要在初花期喷施苹果益微 1000 倍液。花期如果出现阴雨天，雨停后立即喷施 10% 的多氧霉素可湿性粉剂 1000 倍液，或 50% 的扑海因可湿性粉剂 1500 倍液，落花后再喷 1 次。

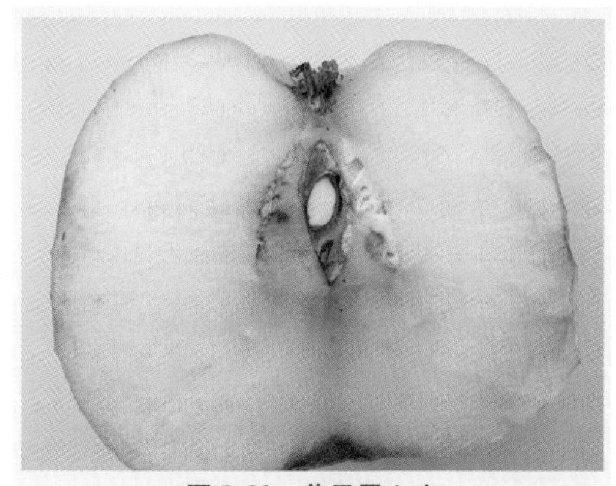

图 5-23　苹果霉心病

三、诱杀害虫

糖醋液（图 5-24）可以诱杀对糖、醋、酒等气味有一定敏感性的昆虫，如梨小食心虫、金龟子、卷叶蛾等，也可使用专门的性诱剂、诱杀器诱杀。

图 5-24 糖醋液诱杀

四、喷 钙

苦痘病（图 5-25）危害严重的果园喷 0.3%～0.5% 的氯化钙 2～3 次。

图 5-25 苦痘病

五、花期前后灌水

土壤过分干旱会使苹果树花期提前，而且会使花期集中到来，开花势弱，坐果率低下。因此，花期前适量灌水，使花期有良好的土壤水分，能明显提高坐果率。如果花期前土壤水分状况较好，不宜大水灌溉，否则会使新梢旺长而影响坐果，一般提前 1 周浇花前水。落花后灌溉，有助于细胞分裂，果实高桩，可减少落果，促进新梢生长和花芽形成，一般在落花后 10～15 天浇水。由于正值需水临界期，灌水量可稍大一些。

六、追　肥

花期前后，果树既要开花结果，又要长叶、发枝，需要大量的养分供给，如果土壤肥力不足，矛盾就会比较突出。所以，适量追肥既可明显提高坐果率，又能促进枝叶生长。花后果树营养分配重心转移到新梢生长上，因此花后追适量的肥料可以显著地促进新梢生长，对果实生长也有好处。但若施用过多，则会明显降低坐果率。

第四节　花期冻害

一、花期冻害的预防

一是采取提前树盘灌水、树干涂白、树冠喷施1%的石灰水、树盘覆盖有机物等措施，推迟果树花期以免冻害（图5-26）。二是进行果园熏烟，根据当地天气预报，降温当晚12点前、后在果园四周或行间堆燃树叶、木柴、麦糠等，熏烟增温化霜防冻（图5-27）。三是树冠喷施防冻营养液。低温霜冻来临前1～2天抓紧树冠喷施防冻营养液，提高花器官的抗冻能力。可选择的药剂有：0.3%的硼砂+0.3%的蔗糖，或者0.3%的硼砂+0.3%的尿素（磷酸二氢钾），宝丰灵500倍液+0.3%硼砂，维果活力素800倍液。而大多数果农在冻害之后才进行喷药补救，效果较差，花期防冻以“提前预防”效果最好。

图5-26　中心花受冻，雌蕊变黑

图5-27　果园熏烟防冻

二、冻害发生后的补救

一是霜冻发生后，暂停疏花序（蕾），喷8000倍的硕丰481（芸薹素内酯）水溶液，间隔7～10天，连喷2次，有促进受损细胞修复的功能，可明显减轻冻害，提高坐果率。二是采取人工、壁蜂授粉。人工辅助授粉是灾后管理的关键环节。具体方法为：每亩用10g花粉加50g滑石粉（淀粉）混合后装入干燥的小瓶中，于未受冻花开放当天点授柱头即可。喷雾时，把30g花粉加入50kg的500倍宝丰灵营养液中混匀，喷于花朵柱头。三是加强肥水管理。霜冻发生后，有灌溉条件的果园应立即进行浇水，促进根系、幼叶和花朵正常发育，以缓解低温伤害。

第六章

幼果期管理技术（5 月）

第一节 合理留果，控制产量

产量高低是影响苹果质量的重要因素之一。如果产量过高，不仅果个减小，果实的着色、可溶性固形物含量、硬度等都会受到不同程度的影响，还会导致“大小年”结果现象。优质果品的生产首先要转变经营观念，由原来的“增产增收”的“产量型”经营观念转变为以提高质量为中心的“增质增效”的观念。实践证明，在保持合理丰产水平的情况下，果品会因质量的提高，在市场上既好卖，价格又高，果园收入并不低于高产果园。因此需要进行产量调整，使果树有一个合理负载。

一、制定合理的产量标准

评判产量标准是否合理，是否超出了树的负载能力，主要取决于“三看”：一看树势，看树的长势是否强壮，结果后长势是否受到严重削弱；二看果个，看果个是否明显变小，一级果的比例是否明显降低；三看果树的稳产性，看第二年的产量是否明显减少，是否形成了“大小年”结果现象。

树势壮而不虚旺，不徒长；枝多而不弱，是苹果树高产、稳产、优质的基础。壮树的表现是枝条粗壮，春梢长，节间短；芽饱满，叶肥厚；花朵鲜亮，开花整齐；花下叶多而壮；在枝类组成中，中短枝应占 90% 左右，长枝应占 10% 左右。这类树有较强的负载能力和连续结果能力。

苹果产量的稳定性可以用产量变异系数进行评估，公式为：

$$产量变异系数 = \frac{连续两年产量之差}{连续两年产量之和} \times 100$$

优质果品生产，产量变异系数保持在 10% 以内为最好，最大不应超过 20%，超过 20% 就意味着出现产量超载的迹象。

根据目前我国的生产水平和产地条件，红富士、新红星、乔纳金等中晚熟品种的产量标准以亩产 1500～3000kg 为宜。果园土层深厚疏松，水肥充足，树势健壮，可留果 3000kg 以上；果园土层深厚疏松，肥料充足，有限灌水，树势中等，可留果2000~3000kg；果园土壤条件及灌水条件较差，树势较弱，留果1500kg以下。

二、严格疏果

疏花疏果是调节产量、防止结果过多的重要手段。疏花比疏果效果好，早疏比晚疏效果好。疏花疏果宜分3步进行：第一步，花前疏花以疏花序为主，按距离留下适当的花序；第二步，疏幼果时每个果台上留1个单果（图6-1和图6-2）；第三步，定果宜在盛花后的3~4周，严格按产量要求保留适宜的留果量，多余的果应手工摘去。

图6-1　疏果前

图6-2　疏果后

疏花疏果的方法，小果园以人工为主。大果园或嘎啦等坐果多、果个较小的品种可选用化学方法疏果，花后3~4周进行人工定果。

国外主要采用化学方法疏花疏果，使用最多的是盛花后7~10天使用10~20mg/kg（即5万~10万倍）的萘乙酸或250~300mg/kg的乙烯利，花后3~4周（红富士果实直径达1.1cm时）再使用1次800mg/kg的西维因。影响化学方法疏果效果的因素很多，不同品种，不同果园，不同树势，不同树龄，不同开花量，不同的天气条件，喷洒疏果剂后的坐果情况是不一样的，不同年份之间变化也很大，需要先小面积多年试验。另外，化学方法疏果的疏除量限制在应疏除量的70%~80%以内，余下部分采用人工疏除。

人工定果时留果量应因树定产，以产定果，分枝负担。具体留果量可用以下几种方法确定：

（1）叶果比，枝果比　乔化树一般需要30~40片叶供养1个果，矮化树20片叶就可满足1个果的营养需求。金冠、新红星的叶果比以（30~40）:1合适，而红富士则需要50~60片叶留1个果。叶果比、枝果比只可作为疏果时的大致评估标准，并不适用于具体操作。

（2）按树干粗度留果　树干粗度与树冠大小密切相关，也间接反映出

树的负载能力。具体方法是量出树干中部的干周，计算出树干截面面积，再乘以经过试验得出的留果参数。罗新书研究发现，苹果树每平方厘米树干截面面积的适宜留果量为3～4个。计算公式为：

$$适宜留果量=(3\sim4)\times0.08C^2\times A$$

式中C为树干周长，以厘米表示。A为保险数，即实际留果量为适宜留果量的倍数。疏花及第一次疏果时，A值可取1.2，即实际留果量比适宜留果量多20%，最后定果时，A值取1.0，即按适宜留果量定果。

（3）按距离留果法 一般间隔15～30cm留1个果。这种方法虽然不太准确，但方便易行，易于掌握，基本上可以达到叶果比、枝果比的留果标准。几种留果标准的比较见表6-1。

表6-1 几种留果标准的比较

树势留果法	叶芽:花芽	叶:果	枝:果	截干面积法/（果数/cm^2）	距离留果法/（cm/果）
弱树	4:1	(40～50):1		3	25～30
中庸树	3:1	(30～40):1	3:1	3.5	20～25
强树	2:1	(25～30):1		4	15～20

确定适宜留果量后，按分枝负担的原则进行疏果操作。根据枝的大小、强弱和花果分布的疏密程度灵活掌握，分类实施，尽量做到果实分布均匀。

第二节 果实套袋

近十年来，果实套袋从苹果生产开始，已经逐渐发展成为一项完善的、生产上不可缺少的管理措施。果实套袋（包括塑膜果袋）技术的应用，成功地解决了苹果烂果问题，使苹果的产量、质量及价格都得到了稳定提高，因此在生产上已得到大面积推广，成为各苹果产区优质高产的一项重要技术措施。

一、果袋选择

市场上果袋品种很多，果农在选用果袋时，需要对各种果袋的性能和优缺点有所了解，以便根据自己的实际情况选用合适的果袋。目前市场上供应的苹果果袋可分为双层果袋、单层果袋（图6-3）和塑膜果袋（图6-4）三大类。

图6-3　单层果袋

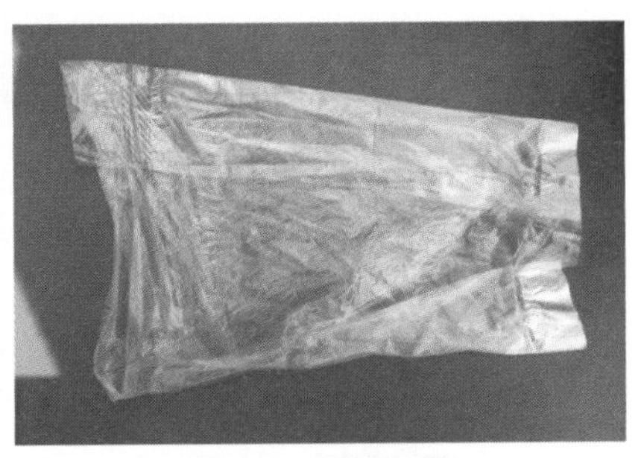

图6-4　塑膜果袋

双层果袋以日本的小林袋为代表。外袋为内黑外灰的双色纸，内袋为蜡纸袋，有红、黑、蓝紫色3种，多数为红色。双层果袋的优点是遮光性强，果袋耐雨水冲刷，使用中不易破损，套袋果的果面光洁，去袋后着色均匀。但推广中存在的问题：一是成本高，二是解袋比较费工。因此主要用于红富士等质优价高的高档果品。

【提示】 果园缺水，易出现日灼的地区注意不要选用外层袋用蜡或用胶、透气性差的双层袋。这种果袋的袋内温度高，会加重日灼的危害程度。

单层果袋主要为外灰内黑的单层双色纸袋。金冠等不着色品种适于选用这种果袋。金冠苹果套袋可以使果面光洁无锈，果色黄白，使外观有所改善，在市场上仍有一定的消费需求。选用双层果袋虽效果更好一些，但成本高，不如用单层果袋划算。

套塑膜果袋（图6-4）的苹果外观虽不如套纸袋的果实，但比不套袋果有一定程度的改进。果面比较干净、光洁，着色不受影响。着色面积与着色程度与不套袋果差不多。但由于塑膜果袋有效地解决了苹果烂果问题，减少了喷药次数，降低了果实中农药的残留，而且价格便宜，投资成本低，采收时又不用去袋子，省工省时，广大果农容易接受，所以近几年在很多地方得到大面积推广应用。

二、套袋的时间和方法

套袋时间（图6-5和图6-6）根据不同地区的具体情况而不同。一般认为，对于果锈比较重的金冠等品种，应在果锈发生期前套袋。果锈一般在开花后10~40天发生，因此为了防止产生果锈，金冠苹果应在落花后10天开始套袋，且越早效果越好；对于红富士、新红星等着色品种，在河南苹果主要产区套塑膜果袋（图6-7～图6-9）的应从盛花后2～3周、幼果直径达1.5～2.0cm时开始，5月20日结束，此时套袋效果最好。

图6-5　套塑膜果袋时的果实大小

图6-6　套袋过早导致落果

图6-7　套住果实

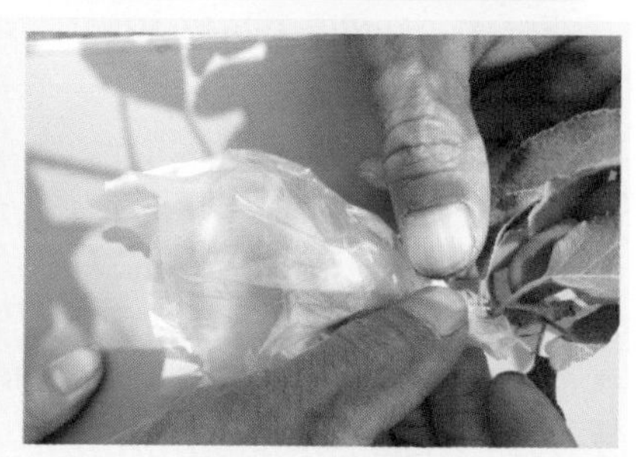

图6-8　扎住袋口

双层果袋的套袋时间（图6-10）有别于塑膜果袋。双层果袋套袋过早，就会影响幼果膨大，幼果果柄的木质化程度低，套袋时容易折断果柄，在我国中部果产区，双层果袋最好在5月30日前套完。不同地方的苹果物候期有早有晚，天气的变化及果园水肥条件也不一样，不可照搬上述日期。如山东胶东地区、山西运城地区，认为套袋时间宜推迟到6月下旬，有利于避开高温天气，减轻日灼。不过从总体情况看，有良好的灌水条件且日灼不重的果园还是早套袋为好。如果套袋过晚，容易导致果面褪绿不好，着色暗红不鲜亮。

图6-9　套塑膜果袋的果园

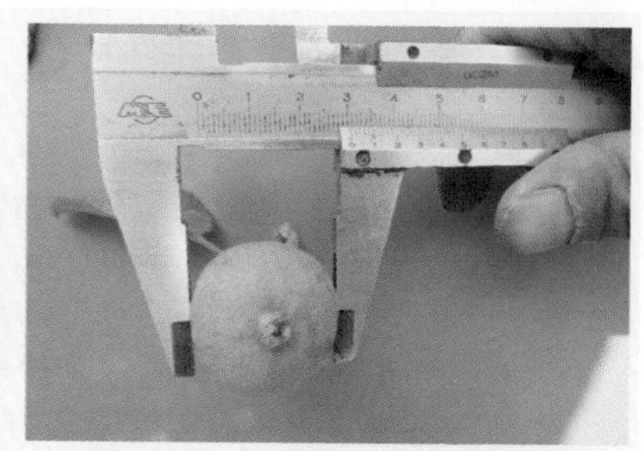

图6-10　套纸袋时的果实大小

套纸袋时（图 6-11），右手伸进纸袋，左手捏压纸袋的 2 个角，使纸袋张开呈圆筒状，套上果实后从两侧将袋口折叠于袋中部的切口处，用拇指和食指将扎丝与折叠好的扎口一起反转捏紧。也可以用拇指把扎丝从右往左折捏成 V 字形。

图 6-11　套纸袋过程

【提示】 套袋操作应注意 3 项事宜：一是用力不要太猛，以免拉掉、拉伤果实；二是扎紧袋口，确保果袋不会被风吹掉或雨水顺果柄流进果袋；三是不要把叶片、嫩梢等杂物套进果袋。

第三节　苹果套袋易出现的问题及解决办法

苹果套袋具有很多优点，但如果应用不当，或者其他生产措施不配套，也会达不到预期效果。生产中存在的与套袋有关的主要问题如下。

一、套袋后仍然烂果

发生的原因主要是套袋前用药不当，防虫防病不彻底，没有把幼果上的病菌杀死。套袋前的病害防治以霉心病、轮纹病及斑点落叶病为重点，虫害防治以红蜘蛛、蚜虫、金纹细蛾、棉铃虫和桃小食心虫为重点。

二、苦痘病的防治

苦痘病是一种与缺钙有关的生理性病害。果实套袋，尤其是套塑膜果袋有加强苦痘病发生的趋势。因此凡是施肥过多、树势旺、容易诱发苦痘病的果园，需要在套袋前喷施2~3次钙肥。钙源可选用食品级氯化钙，使用量以0.3%左右为好，超过0.5%有可能造成叶片伤害。

三、日灼病的防治

日灼病多发生于灌水条件较差的干旱果园。树冠外围、长时间处于强光直射下的果实容易发生日灼病。主干连年环剥的树，或结果多、新梢少、生长弱的树，或叶片少而小、不能有效地为果实遮阴的树最容易发生严重的日灼病。在容易发生果实日灼病（图6-12和图6-13）的果园，要选用透气性好的纸袋套住树冠外围的果实，用塑膜果袋或透气性差的蜡质果袋套住树冠内部及下部的果实。日灼病主要发生于气温超过34℃的干热风天气（6月上旬和中旬），或极端气温不高，但连续多日的干旱天气。有灌水条件的果园及时灌1次水，可以有效地减轻日灼病的发生。这是因为水分供应充足时，果树的蒸腾作用增强，蒸腾失水的同时带走了树体的热量，使叶片、果实的温度降低，从而有效地减轻果实日灼病的发生。还可以提前或推后套袋时间，不在干热天气套袋，或者在干热天气只套树冠下部或

图6-12 果实轻度日灼

图6-13 果实严重日灼

内膛的果实，干热天气过去后再套树冠外围的果实。

四、果面裂纹、粗糙的预防

果面裂纹（图6-14）、粗糙的问题在红富士苹果上发生最为严重，是影响套袋红富士苹果外观品质的重要因素之一。其发生的主要原因是袋内湿度大。果园土壤水分多，果园湿度大，使用透水的单层果袋，果袋破裂或扎口不紧导致袋内进水且长时间散发不出去等都是导致果面裂纹的直接或间接诱因。预防果面裂纹的措施：一是雨后、喷药后或有露水天，一定要等到果面上的水干后再套袋，尤其注意大树冠中部和下部的果实，果面上的水干得慢，最好雨后停1~2天再套；二是8月中旬进行1次夏剪，疏掉一部分遮光大枝、接地枝和交叉枝，改善果园和冠内的通风透光条件，使湿气容易散出去，对于平地果园这一点非常重要；三是湿度大的果园要选用隔水性好的双层果袋或蜡质单层果袋，不要选用透水性好、风干慢的单层果袋，而且套袋时袋口要扎好，防止雨水顺果柄流入袋内。

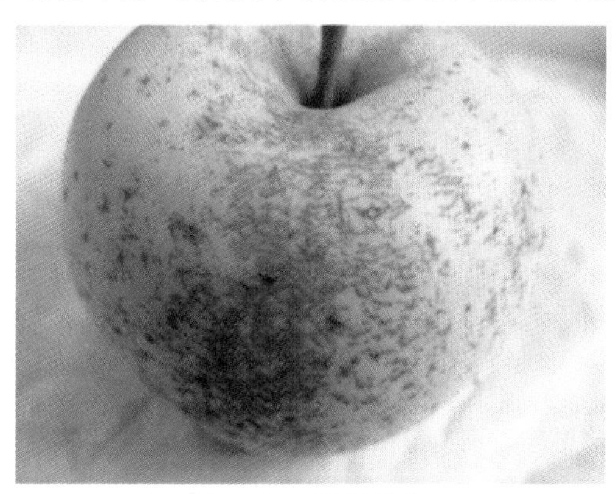

图6-14　果面裂纹

五、套袋后的果园病虫害防治（第三、第四次喷药）

果实套袋防止了病虫害（图6-15~图6-17）的侵袭，因此套袋后果园的病虫防治重点就由以果实为主转移到以防治枝叶上的病害为主，如斑点落叶病，枝干上的轮纹病、腐烂病，红蜘蛛、蚜虫、金纹细蛾及生长后期的一些食叶性害虫等。因此套袋后，一般情况下还需要喷药3~5次，以保护叶片，使其保持旺盛的光合能力。生产中有些果农在套袋后就放松了果园管理，很长时间不喷1次药，导致叶片受到危害，进而影响到套袋效果。

图 6-15　苹果蝇粪病为害果实症状

图 6-16　苹果锈果病为害果实症状

图 6-17　苹果黄蚜为害叶片症状

【防治措施】

1）落花后 20 天左右（5 月上旬和中旬），喷施 80% 的喷克 1000 倍液或 70% 的甲基托布津 800 倍液 +3% 的多氧霉素 300 倍液，可防治斑点落叶病、轮纹病等。防治蚜虫可加用 EB 灭蚜菌 200 倍液或 10% 的蚍虫啉 5000 倍液（第三次喷药）。

2）麦收前（5 月下旬），喷布中生菌素 500 倍液，加用 30% 的蛾螨灵 2000 倍液，可防治斑点落叶病、叶螨、金纹细蛾等（第四次喷药）。

第四节　树体管理

一、拉枝开角

拉枝开角就是开张枝的角度。枝的角度加大后生长势缓和，中下部分枝增多，有助于成花结果。同时，直立枝拉平后，可使冠内空间加大，克服了冠内枝条过密问题，使枝叶分布均衡。因此，拉枝开角是幼树整形过程中的一项重要工作。

生长季节枝条软，枝上叶片多，自身重量大，拉枝开角最容易，拉枝后经过2～3个月的生长，枝的角度就会固定下来。冬季枝条的硬度大，拉枝时容易拉劈、拉断。开张角度的方法有杆撑、绳（铁丝）拉及重物垂拉等。用绳（铁丝）拉枝时不要绑缚太紧，而且要随时检查，不要让绳（铁丝）勒伤枝条。有些农户用塑膜袋装土或用砖块垂拉，都不十分成功。原因是塑膜袋容易破损；砖块的重量不易掌握，使用也不经济。欧洲西部地区的高密度果园中，果农常自制许多带铁丝钩的水泥块（图6-18），夏季把新梢拉平，在适当的位置挂1个水泥块，使新梢保持水平，既经济又快捷，一段时间后取下水泥块，可重复利用。

图6-18　水泥块挂枝

针对1～2年生树的拉枝开角，操作比较容易。对多年生的粗枝，操作就很困难。因此，开张角度的时间不能太晚。

开张角度应根据树冠的大小而定。小冠树的骨干枝很短，不要求有很强的负载能力，因此枝的角度可大一些，以接近水平为好；反之，大冠树则要求主枝保持适当的角度，以增加主枝的承载能力。

二、摘　心

摘心又称“打头”，即掐掉正在生长的、尚未木质化的新梢梢尖。夏季摘心（图6-19和图6-20）基本上是轻短截。摘心的反应是新梢旺长受到抑制，后部营养状况得到改善，芽子更加充实饱满。在新梢旺长期摘心，可促发二次新梢，加快树冠建成；在新梢缓慢生长期摘心，可促进花芽分

化；在生理落果前对果台副梢摘心，可提高坐果率；坐果后摘心，能促进果个膨大，提高果实品质；对竞争枝、徒长枝做多次摘心，可控制其生长，对其改造利用。

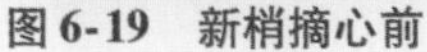
图 6-19　新梢摘心前

图 6-20　新梢摘心后

三、扭　梢

扭梢可以促进树体早成花、早结果。苹果扭梢一般在 5 月上中旬 ~ 6 月上旬，当新梢长度为 15 ~ 25cm、具有 15 ~ 20 片叶时进行。扭梢过早，枝梢太嫩，长度不够；扭梢过晚，枝梢易被折断，达不到扭梢的目的。

具体操作为：在新梢基部 5 ~ 10cm 处，选一半木质化部位，先横向把新梢折揉至劈裂（图 6-21），以劈裂部位为转点把新梢扭转 180°（图 6-22），使新梢生长点呈向下状态即可（图 6-23）。

红富士、金冠等品种适宜进行扭梢，扭梢的对象是位于延长枝背上的直立新梢（图 6-24）、竞争新梢或向树膛内生长的旺盛新梢等，而各级延长枝不可以进行扭梢。

对于生长比较旺盛、愈合能力强的苹果品种，扭梢后 15 天，要将扭梢后的新梢轻轻抬一下，使扭梢的受伤部位再次成为新的伤口。另外，对扭梢后又重新萌发向上生长的旺盛枝条，要及时摘除。另外，必要的时候继续进行环剥环割，新梢旺长的果园喷施 PBO200 倍液，促进新梢停长。

图 6-21　折揉至劈裂

图 6-22　将新梢扭转

图 6-23　完成扭梢

图 6-24　需要扭梢的背上枝

第五节　果园生草

生草制在果树生产发达国家的应用非常广泛，特别适用于有机质含量低、水土易流失的果园。果园生草种类的选择标准是要求矮秆或匍匐生，适应性强，耐阴，耐践踏，耗水量少，与果树无共同的病虫害，能引诱天敌，生育期较短。

一、草种选择

苹果园适宜的草种有白三叶（图 6-25）、百脉根、毛叶苕子（图 6-26）、紫云英、鹰嘴豆、黑麦草、草木樨、沙打旺、紫穗槐、田菁、小冠花等，混播比单播的效果要好。

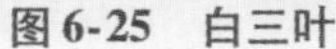
图6-25　白三叶

图6-26　毛叶苕子

二、播种时间

以白花三叶草为例，最佳播种时间为春、秋两季。春播可在4月初~5月中旬，秋播以8月中旬~9月中旬最为适宜。

三、播 种 量

不同的草种，播种量不同：白花三叶草3.75kg/ha，百脉根7.5kg/ha，毛叶苕子30kg/ha，紫云英22.5kg/ha，黑麦草22.5kg/ha。

四、种植方式

种植方式有条播和撒播。撒播时种子不易播匀，出苗不整齐，对成坪不利；条播有利于种子萌芽和幼苗生长，极易成坪。条播行距以15~25cm为宜，如果土质肥沃又有浇水条件，行距可适当放宽；如果土壤瘠薄，行距要适当缩小；且播种宜浅不宜深，以0.5~1.5cm为宜。

五、生草果园管理

生草初期应注意加强水肥管理，灌水后应及时松土，清除野生杂草，尤其是恶性杂草。适时刈割（图6-27），生草最初几个月，不要刈割，生草当年最多刈割1~2次。一般生草园每年刈割2~4次，刈割时要注意留茬高度，一般以20cm为宜，将刈割下的草覆盖于树盘上（图6-28）。

图 6-27　割草器割草

图 6-28　杂草刈割后就地覆盖

六、生草的优点

果园生草能够改良土壤，减少水土流失，保水保肥；提高土壤有机质含量，改善土壤团粒结构，增强固氮能力，增进地力；调节地温，缩小地表温度变幅，有利于果树根系的生长发育；提高果园对病虫害的抗性。生草果园土壤养分供给全面，有利于提高果实品质；生草果园每年只需割几次草，减少了劳动投入，降低了劳动强度，提高了经济效益。

七、生草的缺点

果园生草在耕层较浅和干燥土壤的条件下，会和果树争水争肥，经常割草会缓解这种竞争关系；在种植的草还未形成草坪之前要及时清除杂草，防止其产生竞争关系，一旦草坪形成，就会抑制杂草生长。

第七章

果实膨大期管理技术（6~8月）

第一节　病虫害防治

一、防治斑点落叶病、叶螨等（第五次喷药）

6月，秋梢生长期出现降雨，要及时喷施防治斑点落叶病、褐斑病（图7-1和图7-2）的药剂，雨后喷施40%的氟硅唑乳油8000倍液，或43%的戊唑醇乳油4000倍液、10%的多氧霉素可湿性粉剂1000倍液等。无降雨时，喷施80%的代森锰锌可湿性粉剂800倍液、50%的异菌脲可湿性粉剂1500倍液，或波尔多液（硫酸铜: 生石灰: 水 = 1: 3: 200）。未套袋果园注意防治桃小食心虫（图7-3和图7-4），药剂可选用20%的灭扫利3000倍液。

图7-1　斑点落叶病为害叶片症状

图7-2　褐斑病为害叶片症状

图7-3　食心虫为害果实症状

图7-4　桃小食心虫虫孔

二、防治早期落叶病、棉铃虫等（第六次喷药）

7 月，害虫少时，选择晴朗天气喷施波尔多液（硫酸铜: 生石灰: 水 = 1: 2: 200）。出现连阴雨天气，使用 25% 的戊唑醇水乳剂 1500 倍液，或 10% 的苯醚甲环唑可湿性粉剂 5000 倍液，80% 的代森锰锌可湿性粉剂 1000 倍液，或 70% 的代森联可湿性粉剂 500 倍液，可防治早期落叶病、轮纹病、棉铃虫等。防治二斑叶螨可选用蛾螨灵，防治金纹细蛾可选用 5% 的杀铃脲 2000 倍液。

三、防治果实轮纹病、炭疽病（第七、第八次喷药）

8 月，未套袋果园雨前喷施 12% 的绿乳铜 600 倍液，雨后喷 50% 的多菌灵 600 倍液或 50% 的苯菌灵 1000 倍液 + 80% 的三乙磷酸铝 700 倍液的混合液，可有效预防果实轮纹病、炭疽病（图 7-5 和图 7-6）；平均 7 ~ 10 天喷 1 次。共喷 3 ~ 4 次；套袋果园可减少至 2 次。需要防治虫害时，加用相关的杀虫剂。

图 7-5　苹果轮纹病为害果实症状

图 7-6　苹果炭疽病为害果实症状

四、防治枝干轮纹病、水心病

枝干轮纹病（图 7-7）是苹果树的三大病害之一。自苹果采用套袋栽培措施后，因减少了针对轮纹病的药物使用，枝干轮纹病有逐年加重的趋势。用波尔多液（硫酸铜: 生石灰: 水 = 1:（3 ~ 5）:（20 ~ 30），再加 1% ~ 2% 的植物油、动物油或豆粉）在 6 月中下旬涂刷幼树枝干，能有效保护枝干在 6、7、8 月不受病菌侵染，有效控制轮纹病的发生与发展。水心病（图 7-8）严重影响果实品质，主要是因缺钙引起，在水心病危害严重的果园，应在果实膨大期和成熟期喷施含钙叶面肥 3 ~ 5 次。

图7-7　苹果枝干轮纹病

图7-8　苹果水心病为害果实症状

第二节　综合管理

一、肥水管理

中晚熟品种要在6月中旬和下旬及时追肥，以免高温缺肥引起叶片失绿（图7-9）。每亩追施纯氮10kg、磷5kg、钾15kg。果实膨大期要及时灌水，久旱之后尽量避免大水漫灌，以免造成裂果（图7-10）。

图7-9　高温缺氮造成的黄叶

图7-10　供水不均造成裂果

二、树体管理

7月下旬对树体进行1次整理（图7-11～图7-15），支、拉被果实压弯的大枝；回缩伸进作业道的枝、拉地枝、株间交叉枝和冠内过密枝，尤其是遮光的直立大枝、徒长枝，控制竞争枝，改善果园的通风透光条件。喷施 PBO 促控剂 200 倍液，控制秋梢旺长。

图7-11 树干缠胶带阻止蚱蝉上树产卵

图 7-12 蚱蝉为害枝条症状

图 7-13 枝条上的蚱蝉卵

图 7-14 苹果鸟害

图 7-15 简易防鸟网

除对分枝角度小的果园继续进行强拉枝开张角度外，还要综合运用摘心、扭梢、环切、抹芽、清除无用枝等夏剪措施，以减少养分的无效消耗。

对于未拉枝的幼树或拉枝不到位的初果期树的骨干大枝按照不同树形

的要求，拉至80°~105°，继续开角。对于初结果树，对新梢适时轻摘心处理，即摘去新梢顶端1cm左右，有利于形成中短枝，促进成花；对背上生长势较强的新梢，从基部扭梢处理，有利于成花，缓和树势。对过旺枝适当进行环切（环割）促花处理，以花缓势，以果压冠。继续疏除剪口下、主枝背上过多的新梢，以及内膛影响光照的新梢。

三、防采前落果

对于新红星、北斗等采前落果严重的品种，在8月上旬喷施萘乙酸20mg/kg水溶液（萘乙酸先用少量酒精溶解）。

四、中熟品种采收

这一时期美国八号、嘎啦、早红等品种进入成熟采收期。对中熟品种分2~3次进行采收。

五、果园排水、防湿

地势低洼、黏土地的果园应疏通排水沟，将雨水及时排出（图7-16）。

图7-16　果园积水

第三节　雹灾及栽后管理

一、清理果园

近几年雹灾在许多果区时有发生，对生产造成严重危害。雹灾发生后

(图7-17)，对因果皮受损严重而即将腐烂的果实要立即疏除，与落地的残果、残叶一同清理干净，并修剪受伤的1年生残枝，集中深埋，减少病害传染源。

图7-17 果园雹灾

二、病虫害防治

3天内喷施1次杀菌剂和杀虫剂，杀菌剂为甲基硫菌灵1000倍液或多菌灵800倍液，杀虫剂为10%的吡虫啉1500倍液和甲维毒死蜱1000倍液，保护叶片和果实，使叶、果免遭病菌和害虫的侵染。

三、受灾后果实补救

喷药后，对受灾较轻和未受灾的果实继续进行套袋处理，对未套袋且受灾较重的果实，不应继续套袋，而是在无病虫害的前提下粗放管理；对已套袋且受灾较重的果实，应在5天后进行摘袋观察，以免幼果在果袋内腐烂。

四、肥水管理

1周后喷施1~2次氨基酸叶面肥，促进树体恢复，保证第二年果树正常生产。

五、利用防雹网

有条件的果园应充分利用现有防雹网（图7-18和图7-19）设施，每年春、秋两季都要架设防雹网，不要疏忽大意，要引起高度重视。

图7-18　甘肃静宁果园防雹网

图7-19　陕西延安果园防雹网

第八章

果实着色期管理技术（9 月）

第一节 解除果实套袋

一、解袋时期

套双层果袋的红色品种需要在采摘前解开果袋，让果实暴露在光照下，以利于着色。摘袋时间的早晚影响果实的着色效果。如果摘袋太早，虽然果实有更长的见光着色时间，但由于果实曝光时间长，降低了果面的光洁度。尤其是摘袋后遇雨雾、大风、干热天气时，果面会出现裂纹或大小不等的斑点，使果面变得粗糙。如果摘袋太晚，则会因为果实见光时间短而达不到良好的着色效果。

摘袋的最佳时间，要根据品种的着色特征与解袋后的天气条件来决定。我国中东部地区的红富士苹果正常采收期在 10 月下旬，因此可在 10 月 10 日左右解袋（图 8-1 和图 8-2）。解袋后如果光照很充足，温度适中，温差很大，则着色快。一般解袋后 1 ~ 2 周，就能达到满意的着色效果（图 8-3）。

图 8-1　红富士去外袋后

图 8-2　红富士去内袋后

图 8-3　红富士着色后

二、解袋方法

解袋宜在阴天或多云天进行。晴天解袋宜在上午 10 点以后，袋内果面温度较高时进行，上午可解除树冠东侧及北侧的果袋，下午解除南侧和西侧的果袋，以有助于防止解袋后果面受强光照射而出现日灼现象。解除双层果袋可分 2 次进行。第一次解除外层袋，第二次是间隔 4～5 个晴天后解除内层袋。一些光照条件好、果实容易着色的果园也可以一直保留内袋，不用去除。

第二节　促进果实着色及提高内在品质的技术

一、疏除、回缩遮光枝，摘叶转果

解袋时或解袋前应及时摘去遮挡果面、影响果实着色的叶片，尤其是贴近果实的叶片，可以防止果实因叶片遮光形成绿色斑块，促使果实成为全红果。摘叶的强度可在 10%～20% 之间。树势强、叶片多的可多摘一些。如果枝叶疏密度均匀、冠内透光较好，则可仅摘去贴近果实的叶片。摘叶的同时，要结合疏去内膛的直立枝和冠外、顶部的遮光大枝。果实向阳面着色后，可轻轻转动果实或枝条，改变果实的方向，把果实的阴面转至向阳面，这样可以得到着色均匀的果实（图 8-4）。

图 8-4　转果促着色

转果后可用透明塑料胶带把枝条或果实的方位加以固定。

二、铺反光膜

在果实着色期，清理干净行间的杂草，疏去或支撑好下垂枝、拉地枝，在行间清出1条宽2.5～3.0m的平整地面。中间留宽20～30cm的人行道，两侧顺行间各铺1条宽1.2～1.5m的银色反光膜（图8-5）。铺好后用砖块压好膜边，防止被风吹起。切记不要用土块压边，因为土块遇雨易散开，会遮盖一大片反光膜。行间作业道得到的直射光最多，铺膜后反射光最强，因此反光膜应尽可能铺在光照最多的行间空地上。膜下地面如果整成外高里低的斜面，则更有利于结果部位得到更多的反射光。

图8-5　铺反光膜

三、提高果实内在品质的技术

果实生长后期，结合喷药，叶面喷施0.5%的磷酸二氢钾等钾肥，有利于促进光合产物往果实的运输和积累，促进果实着色。7～8月，秋梢生长期喷施2～3次PBO促控剂200倍液，可以有效抑制秋梢的生长，改善果实的营养供应，不仅有利于增加果个，也可明显促进新红星、红富士苹果的着色，果实的含糖量也有相应提高。

第三节　病虫害防治及综合管理

一、防治轮纹病（第九次喷药）

9月上中旬喷布1次多菌灵，喷药时间距采收期应少于20天，可防治轮纹病。早期落叶病防治不力的果园会发生早期落叶现象（图8-6和图8-7），严重影响果实品质及第二年的产量。

图 8-6 管理差的果园早期落叶严重

图 8-7 早期落叶导致的满树果而不见叶

二、幼龄果园注意防治大青叶蝉

需要时可使用 10% 的吡虫啉 500 倍液，或 50% 的敌敌畏 1000 倍液进行防治。

三、综合管理

此期间可采摘新红星、华冠、红将军等中晚熟品种。中熟品种果实采收后每亩应追纯氮 5 ~ 10kg。随时清除树上及落地的病虫果。果实此时可贴字（图 8-8 ~ 图 8-10），以提高附加价值。

图 8-8 刚去袋后贴字

图 8-9 完全着色后

图 8-10 贴字效果

第九章

果实成熟期管理技术（10月）

第一节 苹果的成熟标准和适期采收

一、苹果的成熟标准

根据果实的不同用途，可将果实成熟度划分为三级。

1. 可采成熟度

这时果实已达到本品种的重量，但还未完全成熟，应有的风味和香气还没有充分表现出来，肉质硬，适于贮藏、长途运输和加工。

2. 食用成熟度

果实已成熟，表现出该品种应有的色、香、味，在化学成分和营养价值上也达到了最佳点，口感好。达到这一成熟度的果实，适于供应当地的市场，不宜长途运输和长期贮藏。作为鲜食或制作果汁、果酱、果酒等的原料，以此时采收为宜。

3. 生理成熟度

果实在生理上已达到充分成熟阶段时，果实肉质变松，种子充分成熟。达到生理成熟度时，果实化学成分的水解作用加强，变得淡而无味，营养价值大大降低，不宜食用，更不能贮藏，一般只用于采种。

二、判定果实成熟度的方法

1. 果皮的色泽

在果实成熟过程中，果皮色泽会发生明显的变化。目前生产上大多根据果皮的色泽变化来决定采收期，此法比较简单，容易掌握。判断成熟度的色泽标准，是以果皮底色由黄绿变红为依据的。不同的品种之间会有差异。

果面的着色状况是反映果实质量的重要指标，但不是绝对的，因果面颜色受日照的影响较大，着色的早晚在很大程度上取决于阳光照射的程度，所以判断果实成熟度时，不能单凭果面颜色。

2. 果肉的硬度

用果实硬度计测定果肉的硬度，简单易行。果实在成熟过程中，原来不溶解的原果胶变成可溶性果胶，硬度降低。硬度指标有一定的参考价值，但准确度不高。不同年份、不同管理模式，同一成熟度果实的果肉硬度有一定的变动，但在预先掌握其变化规律的基础上，根据果肉的硬度确定采收期也是可行的。主要苹果品种的质量理化指标见表9-1。

表9-1 主要苹果品种的质量理化指标

品　　种	果实硬度/(kg/cm^2)	可溶性固形物含量（%）	总酸量（%）
元帅系	≥6.0	≥12.0	≤0.25
富士系	≥8.0	≥14.0	≤0.30
乔纳金系	≥6.0	≥13.5	≤0.35
金冠系	≥6.5	≥13.5	≤0.40
津轻系	≥6.0	≥13.5	≤0.30
嘎啦系	≥6.5	≥12.5	≤0.25
寒富	≥8.0	≥14.0	≤0.30
王林	≥6.5	≥13.5	≤0.25
秦冠	≥7.5	≥14.0	≤0.25
华冠	≥7.0	≥12.5	≤0.20
国光	≥7.0	≥13.5	≤0.55
秋锦	≥6.0	≥14.5	≤0.20

注：未列入的其他品种，可根据品种特性参照表内近似品种。

3. 果柄脱落的难易程度

苹果成熟时，果柄和果枝间会形成分离层，稍加触动即可脱落，可以此来判断果实的成熟度。

4. 果实的发育期

在相同的条件下，各品种从盛花期到果实成熟期，都有一定的发育天数，但这只是一个参考数字。实际上还要根据当地气候变化、肥水管理及树势的强弱等综合条件来确定。

5. 果实的风味

果实着色并不意味着果实的成熟，着色期正是果实内部各种营养物质的转化时期。在这个时期内，果实含酸量逐渐下降，含糖量逐渐上升，有香味的品种随着果实成熟度的加深，而表现出本品种所特有的香味来。

在生产实践中判断果实成熟度，不能仅靠某一个指标，因为它常常受环境条件和栽培技术的影响而发生变化，因此必须对各种因素加以综合考虑，才能对成熟度有比较正确的判断。

三、采收期的确定

不能仅根据成熟度来确定采收期，还要从市场调节供应、贮藏、运输和加工的需要、劳力的安排、栽培管理水平、果树品种特性以及气候条件等方面来确定适宜的采收期。如华夏苹果，在同一株树上果实的成熟度也不一致（图9-1），应采取分期采收的措施。采后需就近直接供应市场的，可在充分成熟时采收，能体现出该品种的风味；采后需长距离运输、贮藏延期上市或需要后熟的，应适当提早采收。加工用果品应根据加工目标确定采收成熟度，如制罐头用的苹果可早采。树体衰弱，因自然灾害、管理不细致和病虫害而引起早期落叶时，必须及时采收完，以免影响枝芽充实，减弱树体越冬能力。

图9-1　果实成熟期不一致

四、采收方法

采收时要特别注意轻拿轻放，避免对果实造成机械性损伤。采果人员要剪短指甲，最好戴上手套。采收时先用手掌托住果实，再轻轻一转即可采下。采果时动作要轻，采下后要轻轻放在采果筐中。采下的果实要保持果梗完整，并尽量保护果粉及蜡质，以利于贮藏。采收时应按先下后上、先外后内的顺序，以免碰落其他果实，要尽量减少损失。

为了保证果实应有的品质，采收过程中一定尽量使果实完整无损，这就要求在采果用的果筐内或果桶（图9-2和图9-3）内部垫上软包装物。国外正在试验苹果自动采收机械（图9-4），但目前技术并不成熟。国外果园苹果采收后一般集中放置在大木箱中（图9-5），用叉车（图9-6）及时运回冷库贮藏，可长时间存放；而我国果园由于条件所限，一般都是直接堆在田间（图9-7），难以及时运回贮藏。在果实分级包装时，果实要轻拿轻放，尽量减少转箱次数。在运输过程中也要防止挤、压、碰、撞。

图 9-2　小型果园的采果筐

图 9-3　小型果园的采果桶

图 9-4　试验中的苹果自动采收机

图 9-5　新西兰果园的采果箱

图 9-6　叉车直接将采果箱运至冷库

图 9-7　采收后田间露天堆放

五、优质苹果的分级

1. 分级标准

分级的主要目的是使之达到商品标准化，使生产、流通、消费三者互相促进、互相监督，向科学化方向发展。做好分级工作有很多现实意义。首先，可以做到优质优价，推动生产者提高果品质量。其次，可以按果品的等级决定适合的用途，减少流通环节中的浪费。再次，可预先制作出统一规格的包装物，便于包装、贮藏和运输。最后，有利于开展出口贸易，增加我国果品在国际市场的竞争力。苹果外观等级规格指标见表9-2。

表9-2　苹果外观等级规格指标

项目		特等	一等	二等
基本要求		充分发育，成熟，果实完整良好，新鲜洁净，无异味，无不正常外来水分，无刺伤，无虫果及病害，果梗完整		
色泽		具有本品种成熟时应有的色泽		
果形		端正	比较端正	可有缺陷，但不得有畸形果
果梗		完整	允许有轻微损伤	允许有损伤，但仍有果梗
果锈	褐色片锈	不得超出梗洼和萼洼，表面不粗糙	可轻微超出梗洼和萼洼，表面不粗糙	不得超过果肩，表面轻度粗糙
	网状薄层	不得超过果面的2%	不得超过果面的10%	不得超过果面的20%
	重锈斑	无	不得超过果面的2%	不得超过果面的10%
果面缺陷	刺伤	无	无	允许干枯刺伤，面积不超过0.03cm^2
	碰压伤	无	无	允许轻微碰压伤，面积不超过0.5cm^2
	磨伤	允许轻微磨伤，面积不超过0.5cm^2	允许不变黑磨伤，面积不超过1.0cm^2	允许不影响外观的磨伤，面积不超过2.0cm^2
	水锈	允许轻微薄层，面积不超过0.5cm^2	允许轻微薄层，面积不超过1.0cm^2	面积不超过2.0cm^2

（续）

项	目	特等	一等	二等
果面缺陷	日灼	无	无	允许轻微日灼，面积不超过 $1.0cm^2$
	药害	无	允许轻微药害，面积不超过 $0.5cm^2$	允许轻微药害，面积不超过 $1.0cm^2$
	雹伤	无	无	允许轻微雹伤，面积不超过 $0.8cm^2$
	裂果	无	无	可有1处短于0.5cm的风干裂口
	虫伤	无	允许干枯虫伤，面积不超过 $0.3cm^2$	允许干枯虫伤，面积不超过 $0.6cm^2$
	痂	无	面积不得超过 $0.3cm^2$	面积不得超过 $0.6cm^2$
	小疵点	无	不得超过5个	不得超过10个

注：1. 只有果锈为其固有特征的品种才能允许有果锈缺陷。

2. 果面缺陷，特等不超过1项，一等不超过2项，二等不超过3项。

2. 分级方法

分级方法有人工分级和机械分级两种。

（1）人工分级（图9-8） 果实采收后，根据果实的大小、着色程度及形状进行分级。在选果场内，每人面前放置1个标着直径大小的模板，周围放有几个包装容器，依据果实的大小、着色程度、果实的形状放在不同的包装容器内。同一容器内果实的大小、着色程度、果实的形状必须一致。人工分级会受人的因素影响，不可能做到完全一致，会直接影响果品的销售价格。

图9-8 采收后田间人工分级

（2）机械分级 果实采收后送到专业果品包装厂，先把果品放在加有洗涤剂和滚刷的设备中，洗刷干净后传递到水池中漂洗，把漂洗过的果实

送至吹风台上，将吹干后的果实送至相应的传送带上，载到喷涂机下喷涂蜡液，再经热风吹干，通过电子秤或加有识别颜色的分级设备（图9-9）进行分级，将分级后的果实送至包装线上定量包装。包装前，人工检出残次果和病虫果。有些果园也会使用专用的小型分级机（图9-10）。

图9-9　工厂大型机械分级

图9-10　园内小型机械分级

第二节　采后贮藏保鲜技术

一、保鲜条件

在苹果的贮藏环境中，影响其耐贮性和抗病性的主要因素为温度、湿度和气体成分。温度是贮藏保鲜最重要的因素，大多数的苹果品种贮藏的适宜温度为 -1～0℃。气调贮藏的温度可略高于适宜温度0.5～1.0℃。贮藏中的湿度对果品的失重及外观有影响。苹果在贮藏中的相对湿度一般是85%～90%。贮藏环境中的气体成分，对贮藏果实的呼吸方式和强度有重要影响。适当调节气体组成成分，可延长苹果的贮藏寿命。

二、保鲜技术

保鲜技术主要有利用自然气候低温的简易贮藏（图9-11和图9-12）和机械制冷的冷库贮藏（图9-13和图9-14），以及现代化气调贮藏（CA库）及薄膜简易贮藏等。还有一些特殊的保鲜技术，如减压贮藏、低乙烯贮藏、高二氧化碳贮藏、涂料保鲜以及辐射和电离空气产生负离子保鲜、生物技术保鲜等。

图 9-11　砖箍土窑洞苹果库内景

图 9-12　简易土窑洞苹果库内景

图 9-13　机械冷库外景

图 9-14　机械冷库内景

果品涂料保鲜是一种被膜保鲜技术，是将果实的表面涂布一层溶液，待其溶剂蒸发后形成一层均匀的薄膜，减少果实表面蒸发失水和气体交换，抑制其呼吸强度，其中加用防腐剂还能防止病原菌侵害。涂布的溶液可以是蜡液、胶性物质，或者特殊的塑料，一般俗称涂料保鲜为打“蜡”。打蜡是中、高档果品上市前的一项短期的保鲜技术。果品涂料可以增加果品的表面光泽，使果品的色泽更加鲜艳、美观。

用涂料处理果实，分为小规模处理和大规模处理。小规模处理时，将果实在配置好的涂料液中浸泡，或用棉布等蘸上涂料液均匀地涂抹在果面上，果实凹陷的部分及果柄处都应涂到。大规模处理时，均用涂果机械处理。涂果方法有浸涂法、刷涂法、喷涂法、泡沫法和雾化法。

目前使用的新型喷蜡机（图 9-15），大多由洗果、搽吸干燥、喷蜡、低温干燥、分级和包装等程序组成，连续作业，一次完成。生产线采用自动化分级，可以做到果实的大小和色泽一致，以利于果品的销售。

图 9-15 新型喷蜡机

第三节 商品化包装

果实包装的选择，要根据不同的品种、不同的规格、不同的质量要求，选择能满足高档水果贮藏、运输、销售要求的包装。果实包装好，不仅能在贮藏、运输、销售过程中减少损失和病腐，保持新鲜品质，而且能增加美观度，提高商品价值。包装要求便于操作和装卸，卫生无毒，不污染环境，不损伤果品，实用美观，具有特定风格，有吸引力，并符合国际和国内有关规定。

把采收的果实装入 10～25kg 的纸箱或条筐（图 9-16 和图 9-17）中，包装容器要求坚实，不要装得过满，以免挤压使果实受伤，而影响果实的贮藏性能。包装容器由维护结构和装潢两部分组成。维护结构起着保护果品、便于携带的作用；装潢则是通过造型和图案及商标设计，满足消费者的饮食习惯、收入水平、生活方式和价值观念等。包装应能充分展示商品的形象和质感，突出商品的特征，引起顾客的注意，达到促进商品销售的目的。包装容器有小型的塑料盒、盘、袋，也有各式各样的工艺竹筐和柳条等小果筐。为了避免或减轻果实之间在箱内相互碰压磨伤，常使用单果包纸或多果装塑料小袋，或用托盘、分层隔板、分格定位装果的方法。内包装种类很多（图 9-18～图 9-23），可以是印有商标质地轻软的白纸、泡沫塑料网袋等，也可以是纸浆托盘或瓦楞纸隔板、格子板。

图 9-16 人工包装装箱

图 9-17 自动分级后自动装盘

图 9-18 带托盘直接装箱

图 9-19 码垛供叉车搬运

图 9-20 完成商品化包装的苹果

图 9-21 高档礼盒装苹果

图 9-22 超市贴有商标的苹果

图 9-23 供应市场的简易包装

第四节　综合管理

一、秋施基肥

秋季是果树根系的第三次生长高峰，根系生长量最大，吸收能力最强；伤根易愈合，且能促发新根，增加吸收面积；加之土壤墒情好，温度适中，有利于肥料的转化吸收和贮藏利用。秋季树体合成的营养，除少量用于果实膨大和花芽分化外，主要贮藏于树体。树体贮藏营养的多少，不但影响果树的抗病、抗冻能力，更对来年的生长、坐果、产量和质量都有决定作用。试验发现，秋季和冬、春季施同样质量和数量的肥料（图 9-24 ~ 图 9-27），秋季施比冬、春季施能增产 10% ~ 15%。所以，在 9 月没有施肥的果园，此期一定要抓紧时机，尽早秋施基肥。

图 9-24　沟施有机肥

图 9-25　加过磷酸钙

图9-26　可替代粪肥的有机肥

图 9-27　生物有机肥

参照树龄在 15 年以上，每亩产 2000 ~ 2500kg，有机质含量接近 1% 的果园的标准，每亩推荐施肥量：硫酸钾型复合肥（氮≥6%，磷≥8%，钾

≥16%）80kg，硅钙镁钾特种配方肥（硅钙镁≥50%，钾≥8%）50kg，腐殖酸有机肥（有机质≥30%，腐殖酸≥15%）120～240kg。在实际生产中，施肥量可以根据树势、产量等，因地制宜，适当微调。

二、叶面喷肥

晚熟品种采前20天左右，叶面喷施富万钾500倍液或磷酸二氢钾250倍液，相隔8～10天再喷1次。采果后，全树喷施硫酸钾型复合肥300～400倍液，或富万钾500倍液+0.5%的尿素液，或原沼液，相隔8～10天再喷施1次，可延缓叶片衰老，增强光合作用，增加贮藏养分，有利于花芽分化和树体安全越冬。

三、幼龄果园灌封冻水

10月下旬前，对幼龄果园提前灌封冻水，水量要充足。水渗后进行耕翻、细耪，可使土壤冻结晚、冻土层浅，第二年开春土壤解冻早，寒、旱危害轻，有利于防止幼树抽条现象的发生。成龄苹果园要掌握昼消夜冻时机，适时冬灌，有利于树体抗寒抗旱，安全越冬。

四、人工增色

对自然着色差的果实，可进行人工增色。其方法是：选择干燥平坦通风处，铺3cm厚的细沙或草，将果实的果顶向上，果柄朝下，单层平摆于细沙面或草面上，白天见光晚上着露，上午9点～下午4点，用苇席遮盖果面，以防日灼。一般经过4个昼夜，果实即可达到应有的色度。

五、树干绑诱虫带

树干上绑诱虫带（图9-28）、草把或草绳可诱杀下树越冬的害虫。

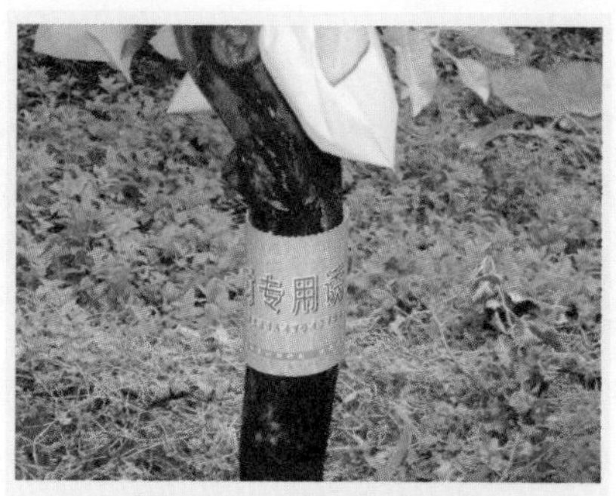

图9-28　树干绑诱虫带

六、行间种草或油菜

趁墒（趁着土壤有适合种子发芽和作物生长的温度）行间种三叶草、黑麦草等。干旱、半干旱地区或三叶草不能越冬的地区，可全园撒播油菜(图9-29)；油菜秋季生长量大，可以很好地覆盖地面，减少蒸发保墒，来年春季花期与苹果相同，吸引授粉昆虫，提高果树的坐果率；花后刈割、覆盖，以及油菜根腐烂，还能增加土壤有机质。

图9-29 行间种油菜

七、防治苹果腐烂病

秋季是腐烂病的第二个高发期，在增强树势的同时，施基肥后，应及早刮除主干、主枝、枝杈等处的粗、老、翘皮，集中烧毁（发现腐烂病疤彻底刮治)，并用40%的氟硅唑乳油200~300倍液+柔水通300~400倍液于主干涂药处理。腐烂病严重的果园，间隔15天再涂1次药，可有效防治腐烂病。涂抹的药剂也可选用25%的金力士乳油150~200倍液，或10%的新果康宝水剂5倍液，或43%的戊唑醇悬浮剂150~200倍液，或45%的施纳宁水剂100倍液等。以上药剂加300~400倍的柔水通使用效果更佳。

八、防止大青叶蝉为害

为避免幼树因大青叶蝉在其枝条上产卵而造成死枝、死树现象的发生，可于10月上旬前在幼树主干及主枝上涂白，以阻止大青叶蝉在此产卵。白涂剂的配方是：生石灰10份、食盐1~2份、水35~40份，用水将生石灰化开，去渣，倒入食盐水中，搅拌均匀即成。也可用杂草或塑料布包扎幼树枝条，既能阻止大青叶蝉产卵，又可防止抽条。

第十章

落叶期和休眠期管理技术（11～第二年2月）

第一节 冬季修剪

一、冬剪原则

整形修剪（图10-1～图10-7）在果树生产中主要起3个方面的调节作用。一是调节光照，就是通过一系列修剪措施，使果树群体分布及个体结构合理，枝条空间分布恰当，尽可能地减少通风透光不良区域，提高光能利用率。实际生产中主要包括幼树的树形建造和成龄郁闭果园的改造等。二是调节树势，就是通过相应的修剪措施，使果园各株之间及每一株果树内部各枝条间生长均衡，既不过分旺长又不过分衰弱，树势健壮，平衡稳定，具体到实际修剪工作中，主要包括针对过旺枝条的分散极性，控制旺长，稳定成花；以及针对衰弱枝条的集中营养，回缩复壮等。三是调节负载，就是通过修剪手段，调整果树的花芽数量。对于花量过多的果树，通

图10-1 高纺锤形苹果树冬剪前

图10-2 高纺锤形苹果树冬剪后

过花前复剪等措施减少果树花芽数量，减轻疏花疏果的劳动量，减少果树营养浪费，使果树合理负载。对于花芽过少的果树，就要通过一系列调势促花措施使果树尽快成花。

图 10-3　冬剪后的细长纺锤形苹果树

图 10-4　冬剪后的改良纺锤形苹果树

图 10-5　自走式升降机用于果树修剪

图 10-6　下部卡脖枝造成没有主干

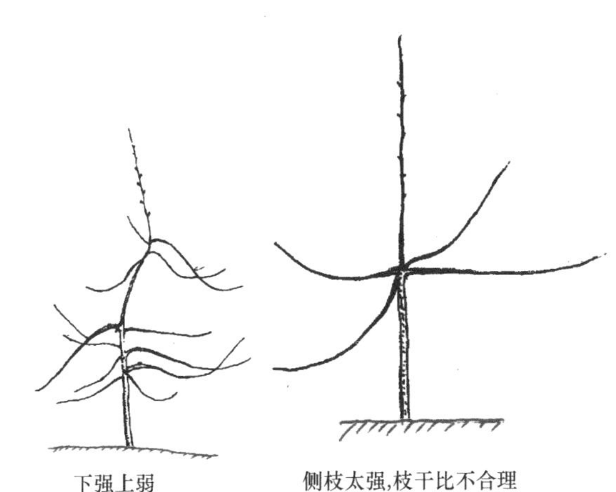

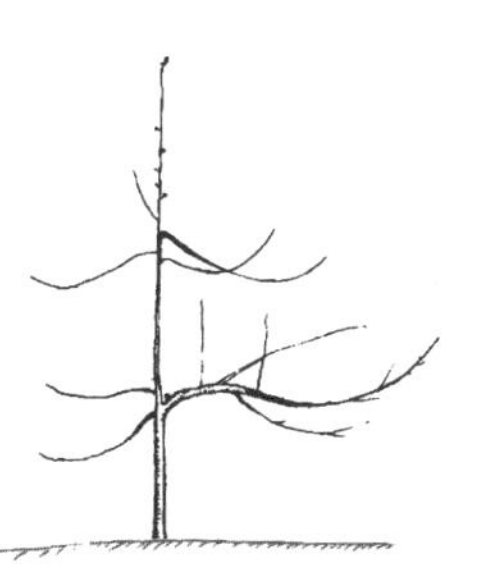

图 10-7　树形紊乱

二、主要修剪方法

苹果树冬剪的方法主要有短截、疏枝、回缩、甩放等几种。

1. 短截

短截指对当年生枝（梢）剪去一段（图10-8）。根据剪掉的枝段长短，短截可分为轻短截、中短截和重短截。剪去的枝条少于枝条长度的1/3为轻短截，剪去1/2为中短截，剪去枝条总长的2/3以上为重短截。一个枝条剪去一段后，枝条内部的营养分配发生改变。保留下的芽可以获得相对多的营养和水分供应，其萌芽力和生长势加强；短截越重，剪后新梢的长势越强。短截后，剪口下第一个芽受刺激最大，离剪口越远的芽受影响越小。短截后新梢的长势还与剪口处选留的芽的位置和质量有密切关系。为了增大分枝的角度，剪口处最好选用背下芽，不要选用背上芽。

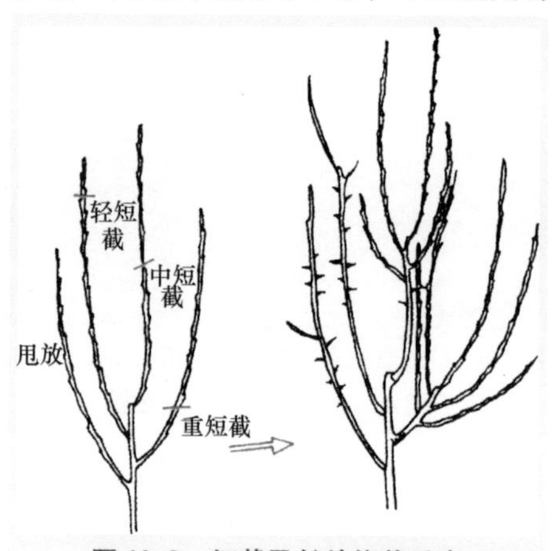

图10-8　短截及长放修剪反应

2. 疏枝

疏枝指把枝条从基部彻底剪掉（图10-9）。疏枝对疏枝部位以上的生长有削弱或减缓的作用。对疏枝部位以下的生长则有促进作用。疏枝刺激生长的作用不如短截明显，但影响范围较广。疏枝的反应与疏除枝的大小有关。疏去的枝大叶多，疏枝后的反应越大。疏枝一般用于疏除背上直立枝、徒长枝，以减少局部竞争；有时也用于疏除那些瘦弱的或过密的枝或枝组，以减少消耗，集中营养，改善局部的光照条件和营养条件。

幼树阶段应尽可能地少截、少疏，减少修剪量。一些背上直立枝、徒长枝应该早控制，早疏除。疏除过晚就会增加修剪量，造成不必要的营养浪费。另外夏季修剪时，一次修剪量不能过大。避免因叶片去掉太多而减缓幼树生长。衰老树上短截、疏枝及回缩则是更新修剪的主要手段。

疏枝方法示意图

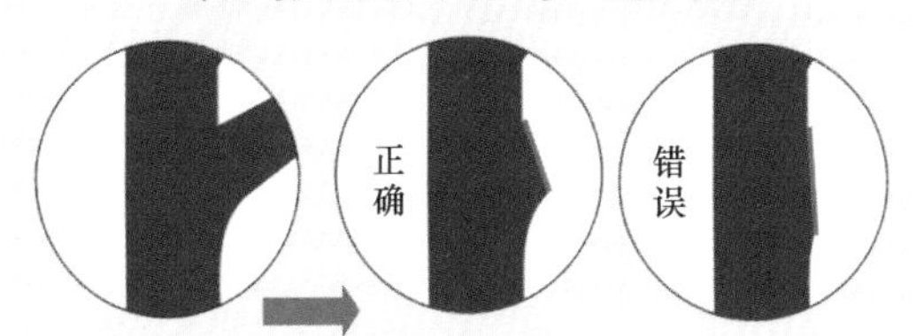

斜锯留桩，锯口削光，涂上愈合剂

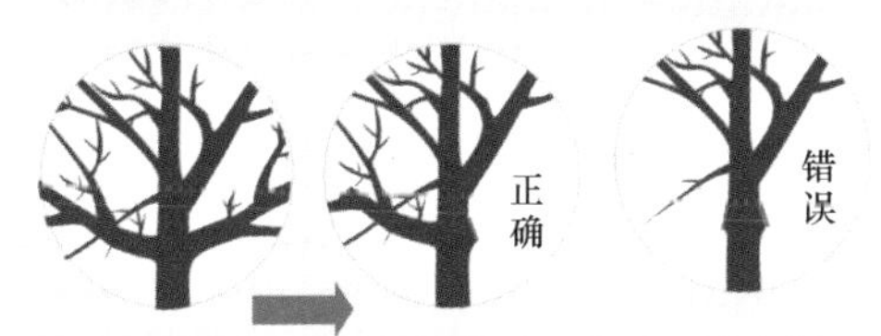

避免造成对口伤，可采取疏除1个回缩1个的办法进行，第二年或第三年再疏除回缩的那个枝

图 10-9 疏枝方法示意图

3. 甩放

甩放又叫缓放或长放，即对枝条只拉枝，不进行修剪。甩放有缓和生长势和降低成枝力的作用。长枝甩放后枝条的增粗作用明显，抽生中、短枝的数量增多。幼树上，斜生、水平枝甩放后萌芽增多，长势趋缓，有利于营养积累和花芽分化。但主枝背上的直立枝或内膛徒长枝甩放后，由于其极性强，顶部分布枝多，母枝增粗快，容易长成树上树。因此对这些枝不宜直接甩放。如果的确有利用价值，则须进行拉枝，改变其生长角度，再进行甩放。此后还要配以疏枝、扭梢、环剥（割）等多项措施，才能控制其长势，培养成有用的枝组。

4. 回缩

回缩即在枝组的多年生枝处进行剪截，以此来减少枝组的枝叶量，缩短枝组的长度。缩减后，枝组的营养得以集中，所以有利于后部枝条的生长和新梢的萌发。及时回缩是维持枝组健壮结果能力、生产优质果品的重要措施。对枝组只甩放而不及时回缩更新，只会使枝组越长越长，越长越弱，营养不足必然导致果品质量明显下降。但是，回缩不当，也会造成树形紊乱，严重影响产量、品质（图 10-10 和图 10-11）。

图 10-10 落头（主干回缩）不当导致大量冒条

图 10-11 回缩不当造成硬棒枝多，有效枝少

一般来说，保持树体充分受光的最佳方法是及时疏除树体上部过长的大枝，而不是回缩，保持树中央领导干的方法是每年彻底去除顶部 1～2 条竞争枝。为了保证枝条更新，去除大侧枝时应留马蹄形剪口，剪口下会发出平生的弱枝，不要短截，结果后会自然下垂。采用这种修剪方法连年进行，树上部就会全部由小结果枝组成，小枝不会遮光，比下部枝条短，形成良好的树冠。

第二节 病虫害防治和综合管理

一、病虫害防治

苹果树落叶后，幼龄树应对树盘进行树干基部培土，防止基部根系受冻。还可对树干基部及主枝涂 1 层生石灰水，使之形成 1 层保护膜，封闭气孔，预防“抽条”。进入休眠期后，病菌的抗性减弱，而果树的抗性开始增强，因此休眠期用药很有必要。成龄果园适时喷施 40% 的氟硅唑（福星、稳歼菌）乳油 4000 倍液，或 25% 的丙环唑（金力士、敌力脱）乳油 2000 倍液 +40% 的毒死蜱（默斩、安民乐、好劳力、乐斯本）乳油 1000～1200 倍液 + 柔水通 4000 倍液混合液，可有效防治多种病虫。

二、清　园

清除园内杂草、落叶（图 10-12）及剪下的枝条、僵果。落叶、杂草及剪碎的枝条可结合深翻施肥，埋入土中；将病虫枝梢（图 10-13）、僵果带出果园烧掉。清除落叶、落果、支柱等。

图 10-12　清除果园落叶

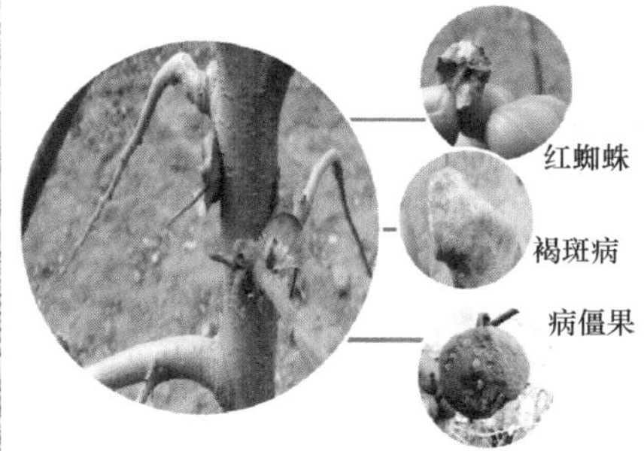

图 10-13　清除病虫枝梢

三、绑草把或诱虫带

利用一些害虫下树进入越冬场所的习性，可于秋末在树干上捆绑 1 圈稻草、麦草或布片等，诱使那些在树干、杈、裂缝翘皮下越冬的害虫聚集于草束或布片内潜藏越冬。严冬时可适时解除，集中烧毁，消灭害虫。

四、树干涂白

给幼树涂白和大树主干（特别是颈部）涂白（图 10-14），可起到防冻、日灼、灭菌、杀虫的作用。树干涂白可增强反光，减少树干对热量的吸收，缩小温差，使树体免受冻害。它的作用主要是防止“日灼”和“抽条”，其次是消灭病虫害，兼防野兽啃咬。

图 10-14　树干涂白

涂白剂的配制比例为：生石灰 5 ~ 6kg、食盐 1kg、水 12.5kg、黏着剂

0.05kg、动物油0.15kg、石硫合剂原液0.5kg。涂白剂的浓度以涂在树干上不往下流、不结疙瘩、能薄薄粘上一层为宜。

五、果园深翻

掌握冬季果园土壤昼冻夜消时机，进行园土耕翻（图10-15），将越冬害虫及越冬虫茧、蛹暴露冻死，通过这个方法破坏害虫的越冬条件，能够有效杀死许多害虫。

图10-15 全园耕翻

六、果园冬灌

果树进入冬季休眠期之后，营养成分便开始由树体向根部回流，在秋缺雨、冬少雪的年份，浇好封冻水，能促使基肥的腐烂分解，有利于新根生长和根系吸收营养元素；有利于冬、春季节花芽的分化发育，保持土壤水分充足，防止越冬旱冻危害，保证第二年开花结果。

封冻水如果浇得过早，不仅会推迟果树进入休眠期，容易将花芽转化为叶芽，影响第二年的坐果率，而且还会使土壤板结硬化。如果浇得太晚，天寒地冻，浇水不易在短时间内渗入地下，果树极易出现冻害。浇灌最好选择早冻午消融、无大风的晴朗天气，一般在12月“大雪”至“冬至”期间进行。灌水量以灌后水分渗入土壤50～100cm（根系分布区为10～100cm）为度，过少不能满足需要，过多则水分将肥料元素冲到无根的区域（100cm以下），既造成肥料浪费，又浪费水电、人工。可在灌水2～3h后，树盘外围挖坑，即可看到渗水深度。

果树灌水的方法有多种，应本着方便、省水、高效的原则，因地制宜，选用适宜的方法。一是沟灌，即在行间挖深度不超过25cm的浅沟，顺沟灌水，沟距树1.5m，灌后将沟填平。优点是全园土壤浸湿较匀，失水少，土壤不板结。二是盘灌，即以树干为中心，按照树冠修成圆形树盘，内低外高，将水引进树盘。三是环沟灌，即在树冠垂直投影处挖1条环状沟，将水引入。四是穴灌，即在树冠内挖8个直径30cm、深30cm的穴，然后把水灌满穴，水渗下后将土复原，此法比较节水，适合山区果园。

第十一章 病虫害综合防治的概念及措施

我国于1975年召开的全国植保大会上提出“以防为主，综合防治”的植保方针。随着研究的深入及生产的发展，现在更为合适的策略称为“病虫害综合治理”。它的发展经过了3个阶段。第一阶段即一虫一病的综合防治，对于某种主要病虫害，采取各种适宜的方法进行防治，把它控制在经济允许为害水平以下。第二阶段是以一个生物群落为对象进行综合治理，如对一个果园、一片农田进行综合治理。目前的综合治理已发展到以整个生态系为对象，进行整个区域的治理。它的基本含义是：从农业生态系整体出发，充分考虑环境和所有生物种群，在最大限度地利用自然因素控制病虫害的前提下，采用各种防治方法，相互配合，把病虫害控制在经济允许为害水平以下，并利于农业的可持续发展。

一、农业防治

农业防治法是利用自然因素控制病虫害的具体体现，通过各种农事操作，创造有利于作物生长发育而不利于病虫害发生的环境，达到直接消灭或抑制病虫害发生的目的。如改变土壤的微生态环境，合理作物布局，轮作间作，抗病虫育种等（图11-1和图11-2）。

图11-1　幼树行间种花生　　图11-2　果树行间种毛叶苕子

二、物理机械防治

应用各种物理因子、机械设备及多种现代化工具防治病虫害的方法，

称为物理机械防治法。如器械捕杀、诱集诱杀、套袋隔离、放射能的应用等（图 11-3 ~ 图 11-8）。

图 11-3 糖醋液诱杀害虫

图 11-4 杀虫灯

图 11-5 黄板

图 11-6 诱虫带

图11-7 瓦楞纸板涂抹性诱剂诱杀害虫

图 11-8 复合迷向丝干扰害虫交配

三、利用自然因素控制病虫害

病虫害综合治理包括许多措施，但首先要考虑利用自然控制因素，它包括寄主的适宜性、生活空间、隐蔽场所、气候变化、种间竞争等。创造不利于病虫害发生的环境是病虫害防治的根本方法。

四、生物防治

利用有益生物及生物的代谢产物防治病虫害的方法，称为生物防治法，它包括保护自然天敌，人工繁殖释放天敌，引进天敌，病原微生物及其代谢产物的利用，植物性农药的利用，以及其他有益生物的利用。该种方法在病虫害综合防治中的作用将越来越显著。

1. 天敌资源

我国农田的天敌资源极为丰富，仅苹果上就多达208种，主要有瓢虫、草蛉、小黑花蝽、捕食螨类、食小黑虫、椿象、六点蓟马、食蚜蝇、蜘蛛、螳螂、赤眼蜂、跳小蜂、姬小蜂等。

（1）瓢虫 瓢虫是果园中主要的捕食性天敌，以成虫和幼虫捕食各种蚜虫（图11-9）、叶螨、介壳虫及低龄鳞翅目幼虫、梨木虱等。瓢虫的捕食能力很强，1只成虫异色瓢虫1天可以捕食100～200只蚜虫。1只黑缘红瓢虫一生可捕食2000只介壳虫。

（2）草蛉 草蛉是一类分布广、食量大，能捕食蚜虫、叶螨、叶蝉、蓟马、介壳虫及鳞翅目低龄幼虫及卵的重要捕食性天敌。1只普通草蛉（图11-10）一生能捕食300～400只蚜虫，1000余只叶螨，是苹果生长中期控制苹果黄蚜和植食螨的重要天敌。

图11-9 瓢虫吃蚜虫

图11-10 蚜虫天敌草蛉

（3）小黑花蝽 小黑花蝽是苹果园中最为常见一种天敌。它捕食各种蚜虫、植食螨、蛾类的卵和初孵化的鳞翅目幼虫，最喜食苹果瘤蚜和杆食螨。小黑花蝽的捕食能力很强，1只成虫平均每日可捕食苹果树上各虫态的叶螨20只，蚜虫26.8只，一生可消灭2000只以上的害螨。

（4）六点蓟马 六点蓟马与深点食螨瓢虫、小黑花蝽、小黑隐翅甲等，是春季苹果园中出现最早的害螨的天敌。六点蓟马的成虫和幼虫都捕食叶螨的卵。1只雌虫一生能捕食1700个螨卵。

（5）捕食螨类　捕食螨类是以捕食螨为主的有益螨类。其中的植绥螨最有利用价值，它不仅捕食果树上常见的苹果全爪螨、山楂叶螨、二斑叶螨等害螨，还能捕食一些蚜虫、介壳虫等小型害虫。植绥螨具有发育周期短、捕食范围广、食量大、捕食凶猛等特点。在25～28℃的环境下，植绥螨的发育历期仅4～7天，比一般叶螨短1～2倍。1只植绥螨雌螨一生可捕食100～200只害螨。

（6）食蚜蝇　食蚜蝇以捕食果树蚜虫为主，又能捕食叶蝉、介壳虫、蓟马、蛾蝶类害虫的卵和初龄幼虫。它的成虫颇似蜜蜂，但腹部背面大多有黄色横带。每只食蚜蝇幼虫一生可捕食数百只至数千只蚜虫。

（7）蜘蛛　三突花蛛游猎于苹果树上，主要捕食绣线菊蚜、苹果瘤蚜，是早春果园蚜虫的重要天敌。

（8）螳螂　螳螂是多种害虫的天敌。它分布广，捕食期长，食虫范围大，繁殖力强，在植被丰富的果园中数量较多。螳螂的食性很杂，可捕食蚜虫、蛾蝶类、甲虫类、蝽类等60多种害虫。

（9）赤眼蜂　赤眼蜂是一种寄生在害虫卵内的寄生蜂，体长不足1mm，眼睛鲜红色，故名赤眼蜂。赤眼蜂（图11-11）是一种广寄生天敌昆虫，能寄生400余种昆虫的卵，尤其喜欢寄生在梨小食心虫、棉铃虫、黄刺蛾、棉褐带卷蛾等果树害虫的卵里。在苹果园中主要用于防治苹小卷叶蛾。

图11-11　赤眼蜂

（10）跳小蜂和姬小蜂　它们是寄生金纹细蛾的重要天敌。跳小蜂将卵产于寄主卵内，当寄主幼虫近老熟时，跳小蜂的卵胚胎开始发育，最终导致寄主死亡。姬小蜂则为幼虫体寄生蜂。在用药较少的果园，寄生率一般可达30%～50%，高者达80%以上。

2. 加强对天敌的利用

加强对天敌的利用需要做好以下工作：

（1）改善果园的生态环境　创造一个适宜天敌生存和繁殖的环境条件。果园生草可为天敌提供一个良好的活动场所。在果园内种植一些开花期较长的植物，可招引寄生蜂、寄生蝇、食蚜蝇、草蛉等天敌到果园取食、定居及繁殖。保护好果园周围麦田里的天敌，对控制果树上的蚜虫也有明显效果。

（2）刮树皮及收集虫果、虫枝、虫叶时注意保护天敌　枝干翘皮里及

裂缝处是山楂叶螨、二斑叶螨、梨小食心虫、卷叶蛾等害虫的越冬场所，因此休眠期刮树皮是消灭这些害虫的有效措施。但同时也应注意到，六点蓟马、小黑花蝽、捕食螨、食螨瓢虫及好多种寄生蜂也是在树皮裂缝处或树穴里越冬的。为了既能消灭虫害又能保护天敌，可改冬天刮树皮为春季果树开花前刮，此时大多数天敌已出蛰活动。如果刮治时间早，可将刮下的树皮放在粗纱网内，待天敌出蛰后再烧掉树皮。虫果、虫枝、虫叶中常带有多种寄生性天敌，因此可以把收集起来的这些虫果、虫枝及虫叶放于大纱网笼内，饲养一段时间，待益、害虫的比例合适时予以释放。

（3）有选择地使用杀虫剂 首先要选择使用高效、低毒、对天敌杀伤力小的农药品种。一般来说生物源杀虫剂对天敌的危害轻，尤其是微生物农药比较安全。

化学源农药中的有机磷、氨甲酸酯杀虫剂对天敌的杀伤力最大。菊酯类杀虫剂对天敌的危害也很大。昆虫生长调节剂类对天敌则比较安全。昆虫调节剂敌灭灵（除虫脲）和有机锡类广谱杀螨剂倍乐霸对赤眼蜂十分安全。而乐斯本、氧化乐果则对赤眼蜂危害极大。在金纹细蛾的防治方面，灭幼脲3号对跳小蜂比较安全，三氟氯氰菊酯对瓢虫和跳小蜂的致死率均达100%，灭幼脲3号和农抗杀虫剂阿维菌对瓢虫的杀伤率达44.44%~55.55%。尼索朗对捕食螨最安全。灭幼脲、达螨灵、蚍虫灵对草蛉等天敌比较安全。

另外，要根据果园里益、害虫的比例做出喷药决策，不要见害虫就喷药。例如，对叶螨类害虫，当益害比例在1:30以下时可不喷药，当益害比例超过1:50时，需喷药防治。在全年的防治计划中，要抓住早春害虫出蛰期的防治。压低生长期的害虫基数可以有效减轻后期的防治压力，减少夏季的喷药次数。喷药时注意交替使用杀虫机理不同的杀虫剂，尽可能地降低喷药浓度，减少用药次数。

（4）人工释放天敌 由于多数天敌的群体发育落后于害虫，因此单靠天敌本身的自然增殖是很难控制住害虫的危害的。在害虫发生初期，自然天敌不足时，提前释放一定量的天敌，可以取得满意的防治效果。冯建国等人在棉褐带卷蛾的卵盛期分4次每亩释放8万~12万只松毛虫赤眼蜂，使赤眼蜂的卵粒寄生率平均达到91.49%。其防效明显高于杀虫剂防治的果园。同时使大量天敌得到了保护，瓢虫、草蛉、食蚜蝇等天敌的数量比杀虫剂防治高17倍。

五、化学农药的合理使用

农药的使用应遵循经济、安全、有效、简便的原则，避免盲目施药、乱施药、滥施药。具体来讲，应掌握以下几点：

（1）对症下药　应根据病虫害发生种类和数量决定是否防治，如需防治，应选择合适的农药。

（2）适时用药　应根据病虫害发生时期和发育进度并根据作物的生长阶段，选择最合适的时间用药，这个最适时间一般在病害暴发流行之前；害虫在未大量取食或钻蛀为害前的低龄阶段；病虫对药物最敏感的发育阶段；作物对病虫最敏感的生长阶段。

（3）科学施药（图 11-12）　一是要选用效率高、损耗低、效果好的新型药器械。二是用药量不能随意加大，严格按推荐用量使用。三是用水量要适宜，以保证药液均匀地洒到作物上，用药液量视作物群体的大小及施药器械而定。四是对准靶标位置施药，如叶面害虫主要施药位置是茎叶部位。五是施药时间一般应避免晴热高温的中午，大风和下雨天气也不能施药。六是坚持“安全间隔期”，即在作物收获前的一定时间内禁止施药。

图 11-12　田间配药池

六、化学农药的施后禁入期及采前禁用期

果园喷药后园内有一定的危险性，在一定时间内禁止人畜进入。采前禁用期则是为了减少农药在果实里的残留，保证果品安全，喷药距采收日期必须间隔一定天数。农药的施后禁入期及采前禁用期见表 11-1。

表 11-1 农药的施后禁入期及采前禁用期

农药品种		施后禁入期	采前禁用期
杀菌剂	克菌丹	1~4 天	30 天
	代森锰锌	2 天	28 天
	福美双	2 天	10 天
	福美锌	4 天	14 天
	代森联	2 天	77 天
	异菌脲	2 天	21 天
	嘧菌酯（阿米西达）	4h	72 天
	醚菌脂	12h	30 天
	肟菌酯	12h	35 天
	氢氧化铜	24h	
	硫黄粉	2 天	20 天
	氟菌唑	12h	14 天
	腈菌唑	2 天	14 天
	氟硅唑	2 天	30 天
	戊唑醇	12h	0 天
	丙环唑（敌力脱）	2 天	0 天
	甲基托布津	12h	1 天
	嘧菌环胺（抑霉胺）	12h	72 天
	百菌清	12h	
	甲基嘧菌胺（施佳乐）		72 天
	噁醚唑		21 天
杀虫螨剂	印楝素		30 天
	甲基谷硫磷	15 天	14 天
	杀扑磷	4~14 天	
	多硫化钙	4 天	
	石硫合剂	2 天	
	毒死蜱	4 天	30 天
	西维因（对益螨有害）	12h	
	马拉硫磷	12h	

（续）

农药品种		施后禁入期	采前禁用期
杀虫螨剂	溴氰菊酯（deltamethrin）	12h	
	高效氯氰菊酯	2天	
	尼索朗（噻螨酮）1次/年	12h	14天
	吡虫啉	12h	30天
	阿维菌素	12h	30天
	阿波罗（clofentezine）		21天
	多杀菌素	4h	
	哒螨灵（pyridaben）		14天
	灭幼脲		
	啶虫脒		30天
	敌百虫		

附　　录

附录 A　果园常用有机肥料营养成分含量

肥料名称		有机质含量（%）	N 含量（%）	P_2O_5 含量（%）	K_2O 含量（%）	CaO 含量（%）
土杂肥			0.20	0.18～0.25	0.7～2.0	
猪粪	粪	15.00	0.56	0.40	0.44	
	尿	2.50	0.30	0.12	0.95	
牛粪	粪	14.50	0.32	0.25	0.15	0.34
	尿	3.00	0.50	0.03	0.65	0.01
马粪	粪	20.00	0.55	0.30	0.24	0.15
	尿	6.50	1.20	0.01	1.50	0.45
羊粪	粪	28.00	0.65	0.50	0.25	0.46
	尿	7.20	1.40	0.03	1.20	0.16
人粪	粪	20.00	1.00	0.50	0.31	
	尿	3.00	0.50	0.13	0.19	
大豆饼			0.70	1.32	2.13	
花生饼			6.32	1.17	1.34	
棉籽饼			4.85	2.02	1.90	
菜籽饼			4.60	2.48	1.40	
芝麻饼			6.20	2.95	1.40	

附录 B　果园常用有机肥、无机肥当年利用率

肥料名称	当年利用率（%）	肥料名称	当年利用率（%）
一般土杂粪	15	尿素	35～40
大粪干	25	硫酸铵	35
猪粪	30	硝酸铵	35～40
草木灰	40	过磷酸钙	20～25
菜籽饼	25	硫酸钾	40～50
棉籽饼	25	氯化钾	40～50
花生饼	25	复合肥	40
大豆	25	钙镁磷肥	34～40

附录 C　国内常用果树根外喷肥种类及含量

元素名称	肥料名称	含量（%）	年喷次数/次	备　注
N	尿素	0.3～0.5	2～3	可与波尔多液混喷
N、P	磷酸铵	0.5～1.0	3～4	生育期喷
P	过磷酸钙	1.0～3.0	2～3	果实膨大期开始喷
K	硫酸钾	1.0～1.5	2～3	果实膨大期开始喷
K	氯化钾	0.5～1.0	2～3	果实膨大期开始喷
P、K	磷酸二氢钾	0.2～0.5	2～3	果实膨大期开始喷
K	草木灰	1.0～6.0		不能与氮肥、过磷酸钙混用
Fe	硫酸亚铁	0.5～1.0	每隔15～20天1次	幼叶开始生绿时喷
B	硼砂	0.2～0.3	2～3（花期）	土施0.2～2.0kg/亩，与有机肥混用
B	硼酸	0.2～0.3	2～3（花期）	土施2～2.5kg/亩，与有机肥混用

（续）

元素名称	肥料名称	含量（%）	年喷次数/次	备注
Mn	硫酸锰	0.2~0.4	1~2	
Cu	硫酸铜	0.1~0.2	1~2	土施1.5~2.0kg/亩，与有机肥混用
Mo	钼酸铵	0.02~0.05	2~3（生长前期）	土施10~100g/亩，与有机肥混用
Zn	硫酸锌	3.0~5.0	发芽前	土施4~5kg/亩
Ca	氯化钙	0.3~0.5	2~3	花后3~5周喷效果最佳
Mg	硫酸镁	1.0~2.0	2~3	土施1.0~1.5kg/亩
Zn	硫酸锌	0.1~0.2	1~2	发芽展叶期
		0.3~0.5	1~2	落叶前

附录D 波尔多液的配制

波尔多液是用硫酸铜和生石灰配制而成的保护性杀菌剂，根据果树种类不同使用不同的配比，苹果、梨等仁果类果树对铜敏感，一般可用倍量式波尔多液，即硫酸铜∶生石灰∶水=1∶2∶200，在雨季将生石灰增加到3~4倍可减轻药害和减少雨水冲刷。葡萄对生石灰敏感，对铜的忍耐力较强，一般用半量式波尔多液，即硫酸铜∶生石灰∶水=1∶0.5∶200。柿子树可用配比为硫酸铜∶生石灰∶水=1∶(2~4)∶300。桃、杏、李等核果类果树，对铜十分敏感，禁止使用波尔多液。

硫酸铜俗称蓝矾，含有5个分子结晶水，呈蓝色透明结晶。如果在空气中暴露时间长，可失去结晶水颜色而变浅，但不影响使用，配制波尔多液要求硫酸铜纯度在95%以上。配制波尔多液要用质量好的生石灰。先烧热水，将硫酸铜在陶缸或塑料桶中溶化，然后加总水量的1/2稀释。同时，用水将生石灰溏开，过筛去除渣子后放入另一容器中，将剩余的1/2的水加入，搅拌成石灰乳。然后将硫酸铜溶液和石灰乳同时徐徐倒入第三个容器中，边倒边搅。在大型果园中最好建个配药池，结构为3个水池，上面2个水池高于下面1个，上面2个水池分别盛硫酸铜液和石灰乳，两者备好后同时放入下面的池子里，并不断搅拌。用量少时，一般先在药桶中用1/2的水制成石灰乳，用剩下的水在缸中溶化硫酸铜，然后将硫酸铜溶液倒入石灰乳中，边倒边搅。在配制波尔多液时应注意以下几个问题：

1）只能将硫酸铜液倒入石灰乳中，不能颠倒。

2）不能先配成浓缩的波尔多液，再加水稀释。

3）将浓硫酸铜液倒入稀石灰水中，配成的波尔多液质量不好。

4）溶化硫酸铜不能用金属容器，硫酸铜要用热水充分溶解后，再加水稀释。

附录 E　石硫合剂的熬制

石硫合剂是一种历史悠久的常用杀虫、杀菌剂，由生石灰和硫黄加水熬制而成。原液红褐色，加水稀释后变为浅黄色，有浓厚的臭鸡蛋气味。石硫合剂是一种碱性药剂，有效成分为多硫化钙，其中主要是五硫化钙和四硫化钙，其次是三硫化钙和二硫化钙，它们的杀虫、杀菌力依次减弱。熬制石硫合剂的方法是：硫黄: 生石灰: 水 =2: 1: 8。先将定量的水放入锅内烧温，然后将硫黄粉用温水调成糊状，调制时不要有干的硫黄团粒，倒入锅内搅匀，继续加热煮沸。再将块状生石灰逐次投入锅内，并继续搅拌，在加生石灰时注意控制火势，防止溢锅，并保持沸腾。熬制过程中，药液由黄色逐渐变至红褐色，由于水分大量蒸发，应不断加开水补充，保持原来的药量，煮 40 ~ 50min 即成。也可采用一次加足水量，中间不再加水的熬制方法，可用硫黄: 生石灰: 水 =2: 1: 10 的配比，保持煮沸 45min 即可。熬制石硫合剂时应注意以下几点：

1）生石灰质量要好。

2）硫黄粉要细，并充分调成糊状。

3）先下硫黄，后下生石灰。

4）配料加入后要保持沸腾。

石硫合剂可用来防治介壳虫类、红蜘蛛类、白粉病、细菌性穿孔病及其他病害。在果树发芽前可使用 3 ~ 5 波美度液，发芽后可使用 0.3 ~ 0.5 波美度液，夏季高温时只能使用 0.1 ~ 0.2 波美度液，以免发生药害。熬制石硫合剂所沉淀的渣滓，可加水调成糊状涂抹枝干，作为防治枝干病害的消毒保护剂。石硫合剂可长期保存，但应避免和空气接触而变质。因此，需贮藏在密闭的容器中，或在药液表面加一层油，以隔绝空气。

附录F 常见计量单位名称与符号对照表

量的名称	单位名称	单位符号
长度	千米	km
	米	m
	厘米	cm
	毫米	mm
	微米	μm
面积	公顷	ha
	平方千米（平方公里）	km^2
	平方米	m^2
体积	立方米	m^3
	升	L
	毫升	mL
质量	吨	t
	千克（公斤）	kg
	克	g
	毫克	mg
物质的量	摩尔	mol
时间	小时	h
	分	min
	秒	s
温度	摄氏度	℃
平面角	度	(°)
能量，热量	兆焦	MJ
	千焦	kJ
	焦［耳］	J
功率	瓦［特］	W
	千瓦［特］	kW
电压	伏［特］	V
压力，压强	帕［斯卡］	Pa
电流	安［培］	A

参考文献

[1] 杨朝选. 优质高档苹果生产技术 [M]. 郑州：中原农民出版社，2003.
[2] 王宇霖. 苹果栽培学 [M]. 北京：科学出版社，2011.
[3] 韩振海，等. 苹果矮化密植栽培——理论与实践 [M]. 北京：科学出版社，2011.
[4] 张立功，李丙智，王玉华，等. 绿色苹果周年管理图解 [M]. 西安：陕西科学技术出版社，2012.
[5] 陈汉杰，周增强. 苹果病虫防治原色图谱 [M]. 郑州：河南科学技术出版社，2012.
[6] 汪景彦，丛佩华. 当代苹果 [M]. 郑州：中原农民出版社，2013.

ISBN：978-7-111-55670-1

定价：49.80 元

ISBN：978-7-111-55397-7

定价：29.80 元

ISBN：978-7-111-57789-8

定价：39.80 元

ISBN：978-7-111-57263-3

定价：39.80 元

ISBN：978-7-111-46958-2

定价：25.00 元

ISBN：978-7-111-56476-8

定价：39.80 元

ISBN：978-7-111-52107-5

定价：25.00 元

ISBN：978-7-111-50436-8

定价：25.00 元

ISBN：978-7-111-52935-4

定价：29.80 元

ISBN：978-7-111-54710-5

定价：25.00 元